TURING 图灵原创

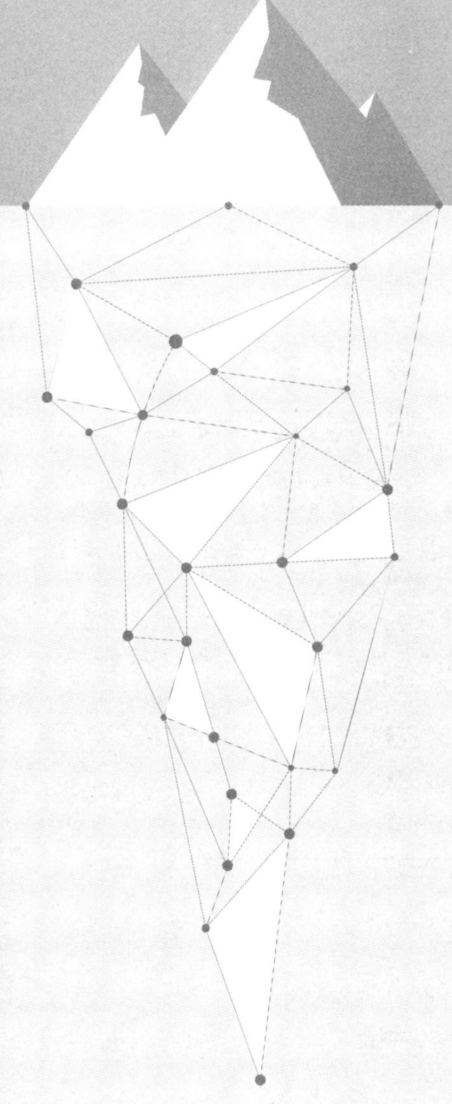

大模型辅助软件开发

方法与实战

张刚 ◯ 著

人民邮电出版社
北京

图书在版编目（CIP）数据

大模型辅助软件开发 ： 方法与实战 / 张刚著.
北京 ： 人民邮电出版社， 2024. 8. -- （图灵原创）.
ISBN 978-7-115-64688-0

Ⅰ. TP311.52

中国国家版本馆CIP数据核字第2024F5P251号

内 容 提 要

大模型时代，能否利用好各种工具，成为软件工程师生产效率高低的关键分水岭。本书记录了一个融合专业技能和大模型能力的软件开发过程。案例来自真实场景，将需求分析、领域驱动设计、测试先行、由外而内开发、演进式设计等现代工程实践和大模型的能力有机结合，实现了高效、高质量开发。该案例具有较高的业务复杂度和技术复杂度，读者可以在阅读过程中了解软件开发所面临的典型问题，并学习如何利用大模型解决这些问题。

本书适合希望建立软件开发全局观和想要了解现代软件开发实践的初学者，也适合希望借助大模型提升软件开发效率的专业开发者。此外，本书也可以作为《软件设计：从专业到卓越》的补充读物。

◆ 著　　　张　刚
责任编辑　武芮欣
责任印制　胡　南

◆ 人民邮电出版社出版发行　　北京市丰台区成寿寺路11号
邮编　100164　　电子邮件　315@ptpress.com.cn
网址　https://www.ptpress.com.cn
北京市艺辉印刷有限公司印刷

◆ 开本：720×960　1/16
印张：14.5　　2024 年 8 月第 1 版
字数：268千字　　2024 年 8 月北京第 1 次印刷

定价：79.80元

读者服务热线：(010)84084456-6009　印装质量热线：(010)81055316
反盗版热线：(010)81055315
广告经营许可证：京东市监广登字 20170147 号

前　言

软件开发正在经历一场前所未有的范式变革。人工智能的飞速发展，特别是大型语言模型（Large Language Model，LLM，简称大模型）所取得的成功，不仅会对软件本身的形态产生深远影响，也将极大地推动开发方式的演进，为软件行业带来前所未有的发展机遇。

软件开发正在经历重大变革

从软件形态的角度上看，目前图形化交互、预定义表单、统一的业务流程和确定的业务规则仍然占据主导地位。不是因为这些交互方式或实现手段最优，而是因为技术的限制，软件没有达到更高的智能化水平，人类只好去适应机器的运作方式。大模型的出现让拥有更好的交互、更灵活的流程、更个性化的体验成为可能。相应地，软件中的智能化组件也会越来越多。

从开发方式上看，软件开发目前仍是一个接近“手工业”的行业。软件工程师需要了解大量的技术细节，正因如此，岗位划分得很细，例如架构设计、前端开发、后端开发、测试和运维等，甚至还要更精细地划分为 Python 开发、Java 开发等。但是，过度细分会增加沟通和协同成本，降低开发效率。大模型的出现会极大地改变当前的开发方式。

首先，编写代码会更快、更简单。基于大模型的应用（如 ChatGPT、GitHub Copilot 等），其能力越来越强，只要你给出的指令足够明确，大多数代码已经能够自动生成，不再需要人工编写。

其次，不同编程语言和技术栈的细节差异不再重要。即使你对某些语言的语法细节或技术背景不够了解，也可以拥有交付高质量代码的能力。

最后，不同工种之间的“距离”开始变小。大模型的价值远不止编码。它可以编写高质量的测试用例，可以编写架构方案，可以帮助我们发现需求设计中的潜在问题，等等。一个经验丰富的工程师完全可以在大模型的支持下独立完成过去需要多个工种配合才能完成的工作。即使仍然存在专业分工，也会更容易进行交流和协作。

在这种情况下，能否更好地利用大模型就成为软件工程师生产效率高低的关键分水岭。利用大模型完成工作的能力成为当今时代软件工程师的关键技能之一。

专业技能比以往更加重要

对软件工程师来说，利用大模型完成工作的能力的高低，不仅取决于是否了解大模型的相关知识，更取决于工程师是否具有深厚的专业素养和较高的认知水平。

例如，有些人给大模型提出编码需求，大模型总是可以输出高质量代码，而对于另外一些人提出的需求，大模型就会答非所问，产生的代码完全不能用。这是为什么呢?

从表面上看，这是因为不同人的任务分解能力、专业沟通能力存在差异。

- 你是否把大问题合理地拆解为小问题?
- 你是否明确地描述了问题背景、任务目标和输出要求?

如果更深入地挖掘，我们就会发现，这种能力差异，本质上是对软件工程认知的广度和深度的差异。

- 如果你了解领域模型，就更关注概念的准确性，能够清晰地利用领域概念表述需求，从而顺畅地和大模型进行沟通。
- 如果你对测试先行、测试驱动有较为全面的理解，就能写出明确的设计契约。
- 如果你知道演进式设计，就会由简到繁逐步引导，而不是一上来就给大模型提出非常复杂的需求。

> 总体来说，和大模型协作的人类工程师水平越高，大模型的表现就越好。是人类工程师的能力，而不是大模型的能力，决定了大模型协作式开发的上限。

从关注实现到关注价值

在过去，普通工程师如果想直接对软件的价值负责，是非常困难的。软件开发活动会涉及多个环节和技术领域，因此在大多数情况下，每个工程师只能负责整个开发过程中的一小部分内容。要想掌握全栈式开发技能，需要投入大量时间进行专业学习。能够独立完成从需求到设计、从实现到上线的工程师，更是凤毛麟角。

现在，在大模型的帮助下，对于一名对软件开发基本原理有所了解的工程师来说，熟悉多种语言、运用多种前后端框架、向前拓展需求分析和架构能力、向后拓展测试和运维能力，都不再是困难的任务。通过大模型辅助，个体的能力得到增强，工程师不必再花费大量精力与他人在工作细节上进行协同。把基于任务的低层次协同提升到基于价值交付单元的高层次协同，这会减少开发过程中不必要的损耗和摩擦，大幅提升软件开发的效率和工程师的交付能力。

内容和结构

本书围绕一个真实的案例展开，介绍如何基于坚实的专业基础，借助大模型，实现从业务探索、需求分析、架构设计、编码实现到上线运行的完整过程，展示了大模型支持端到端软件开发的可行性。

全书共 9 章，围绕软件开发的生命周期组织。

- 第 1 章是总体介绍，探索软件开发的本质，分析大模型时代的软件工程师需要掌握的核心技能。
- 第 2 章以精益创业思想和演进式设计为指导，完成了“共享出行”业务的初步规划，定义了初始阶段的业务流程，为后续的产品开发活动奠定良好的基础。
- 第 3 章关注需求分析。本章通过用户故事地图建立需求全景图，在完成需求分析的同时建立了领域模型。本章也介绍了大模型在需求评审、需求实例化等方面的应用。
- 第 4 章关注架构规划。本章介绍了架构设计过程中的关键考量因素和决策方法，形成了共享出行案例的初始架构方案。同时，本章也介绍了演进式架构的概念及大模型在架构设计方面的应用。

- 第 5 章~第 8 章围绕共享出行的首个业务迭代，讨论了与后端开发（核心域和通用域）、持续集成和云原生基础设施、微信小程序开发相关的基础知识以及大模型在上述各方面的应用。
    - 第 5 章实现了共享出行核心域。本章涵盖了领域驱动设计的战术模式、由外而内的开发、测试先行、六边形架构等专业实践，并且介绍了如何运用上述专业实践，高效利用大模型完成辅助开发的过程。
    - 第 6 章实现了认证授权域。本章介绍了与认证授权相关的领域知识、开源软件 Keycloak 的使用以及使用大模型辅助开发认证授权服务的过程。
    - 第 7 章关注持续集成和云原生平台的使用。本章以构建持续集成基础设施为目标，利用大模型的能力，辅助构建了 Jenkins 镜像和持续集成流水线，并完成了基于 Kubernetes 平台的部署。
    - 第 8 章是基于微信小程序的前端实现。本章介绍了微信小程序开发的背景知识和大模型辅助的开发过程。

    需要说明：第 5 章~第 8 章介绍的内容在实际的开发活动中是相互交织、持续迭代和交付的，并不是先开发完第 5 章的所有功能，然后再开发第 6 章或第 7 章的功能。

    第 5 章~第 8 章的实践，也是大模型支持全栈式开发的一次实验：一名具有良好专业背景的工程师，可以在不熟悉特定技术栈的情况下，利用大模型完成具有专业水准的开发任务。

- 第 9 章使用两个业务演进场景，集中介绍了演进式设计的关键实践。

如何获取和利用示例项目代码

本书介绍了一个完整的开发案例。我希望读者可以看到项目的全貌，在机器上运行它，而不仅仅是阅读书中的有限代码片段。因此，本书案例的全部代码已经以开源形式发布在 Gitee[①]上。读者可以下载、阅读和分析源代码，也可以查看部署项目[②]，了解如何从零开始部署它，并且把它运行起来。

① https://gitee.com/leansd
② https://gitee.com/leansd/cotrip-deployment

在阅读本书的过程中，如果读者需要查看某个代码片段的细节，可以通过在代码库中查找代码对应的类名或方法名，快速定位相应的代码。例如：你要找到本书 5.2.1 节中 `Location` 类在项目中的实际位置，只需要使用 IntelliJ IDEA 或 Visual Studio Code 搜索 `Location` 类，就可以找到它。

此外，读者还可以通过分析项目提交历史，理解演进式设计的详细过程。本项目的所有代码都采用了 git 进行版本管理，读者可以很容易地看到项目的完整提交历史。这对于理解演进式设计会非常有价值。

体例

提示

大模型辅助开发是贯穿全书的内容。虽然目前已经有许多封装好的大模型辅助开发工具，但是为了让大家更关注模型背后的基本原理，同时也可以更自由地选择工具，本书采用了原生的大模型对话能力进行讲解。

本书的案例是基于 ChatGPT 形成的。考虑到该领域的快速发展，本书不对这些案例应该采用哪种特定的大模型做任何假设。凡是涉及大模型交互的内容，排版方式如下。

提示

我们已经有了 TripPlan 的定义。现在，我希望你以测试先行的方式，实现如下需求：

用户给出行程的起始地、目的地、出发时间，发布行程。

行程发布成功后，应该触发 TripPlanCreatedEvent，数据库中可以查到新发布的 TripPlan。

测试要求如下：<略>

LLM

当然，我们可以编写一个使用 JUnit 进行测试的例子。这里的测试会覆盖创建 TripPlan 的场景，并确保 TripPlanCreatedEvent 被触发，同时还会检查数据库中的 TripPlan 是否已经被正确保存。最后，使用@DirtiesContext 确保每个测试完成之后都会清空数据库环境。

我们先创建一些必要的对象和接口：<略>

在阅读本书的过程中，请读者留意以下两点。

- 虽然大模型辅助开发贯穿了所有案例，但由于篇幅限制，本书仅选择性地呈现了有代表性的大模型交互。在软件开发的绝大多数环节，读者都可以利用大模型提升效率。此外，在有些情况下，给大模型的提示词输入以及大模型的输出内容较长，在不影响读者理解的前提下，我省略了交互过程的部分内容。省略的内容使用尖括号标记。
- 当读者研究本书的案例时，应着重理解与大模型交互过程中的思维方法，而不应局限于具体的提示和响应内容。在可预见的未来，对话式的辅助开发方式一定会被集成工具所替代。但是，本书案例所展示的思维方法是相对稳定的。

代码

本书代码使用等宽字体表示。示例如下：

```
@Test
public void testMatchingWithExactSamePlan() {
    /* <其他代码略> */
    assertEquals(1,coTripRepository.count());
}
```

由于篇幅限制，在不影响读者理解的前提下，我对本书中的部分代码片段做了省略，省略的内容使用带有尖括号的注释内容标记。读者可以从前述配套开源项目网站获得完整代码。

思考和练习

本书的许多章节包含了下面这样的小练习。

> **▶ 练习 3：尝试使用大模型，完善撮合场景中的实例化需求规则。**
>
> 业务规则：座位限制。为了确保车辆的座位不会被超额预订，我们需要判断共乘的乘车人数。如果共乘的乘车人数超过了可提供的座位数（暂时固定为 4），则不可匹配。

其中涉及代码的练习可以在配套的开源项目中找到答案，不过我希望大家在查阅答案之前，先尝试自行解决问题，再研究、分析和对比开源项目中的实现方式。

阅读建议

作为一个完整的全栈式开发案例，本书涉及的内容很多。从开发方法角度看，它包含了精益需求分析、领域驱动设计、契约式设计、持续集成和持续交付等关键方法的实践。从技术栈角度看，它涉及 Spring、Node.js、微信小程序等前后端技术。它还包含了特定方向上的技术细节，例如 WebSocket（用于双向通信）、Keycloak（用于用户认证授权）、Kubernetes（用于容器编排）和 Jenkins（用于持续集成）等。大模型辅助开发的思想更是渗透到了开发的每个环节。

以前，想要深入理解上述内容的任何一方面都是一项复杂的工作。现在，利用大模型的能力，你可以在实践中简单、高效地按需学习。比如先利用大模型快速了解相关知识的背景，然后再根据需要进一步深入学习。这是非常高效的学习方法。此外，建议读者在遇到问题时，查阅本书所列的参考文献。这些参考文献进一步阐述了本书所介绍的专业技能。

致 谢

本书的内容源自真实的软件工程实践。在本书的案例积累、创意构思、写作出版过程中，我非常荣幸地得到了众多朋友的支持和帮助。

本书采用的“共享出行”案例源于 2015 年石雄、从波和我共同发起的创业项目。尽管项目未能取得预期的成功，但这次创业实践加深了我对共享出行业务、精益创业理念和软件开发实践的理解。

为了能更好地说明和传播高效软件开发方法，我一直希望能重构“共享出行”项目，将它打造成一个完备的开发案例。在阿里巴巴任职期间，我的同事兼好友何勉、赵喜鸿、敖丹凤、李雅纯在案例准备和方法完善等方面提供了许多支持，风险技术部的李建和我以结对编程的方式，共同实现了案例的初始版本。由于我个人的时间和精力原因，这个案例未能全部完成，但是它为后续实现奠定了坚实的基础。

大模型的兴起，给软件开发方式带来了新的契机。在人民邮电出版社图灵公司武芮欣老师、好友李均强等人的支持和推动下，我借助大模型的能力，终于实现了“共享出行”案例，并完整记录了过程中的思考和实践细节。此后好友雷晓宝投入了许多时间，改进了项目结构并编写了部署代码和详细的部署手册。

在本书写作和编辑出版过程中，武芮欣老师始终保持她一贯的热情和耐心，细致地处理了许多文字和结构问题，并提出了许多宝贵建议，保障了书稿质量，提升了阅读体验。

书稿完成后，我有幸邀请到了彭鑫教授，以及许晓斌、黄峰达两位业内知名专家，为本书撰写了推荐语。他们都是长期关注本领域的资深研究者和实践者。三位老师不仅仔细审阅了书稿，还深度分享了他们的宝贵经验和洞察。

诚挚感谢！

张刚

2024.6

目　　录

第1章 认识高效软件开发

软件工程师之间的开发效率差别很大。你或许已经很多次听说“10 倍工程师”，或者你身边就有这样的工程师。10 倍是一个概数，比较的是顶尖水平和平均水平的工程师之间的差距。如果是分析顶尖和相对落后的工程师之间的差距，再考虑到代码质量和交付速度给业务带来的竞争优势，这种差异无疑会更大。

是什么造成了如此巨大的差异？普通工程师如何才能提升效率，成长为卓越的工程师？影响工程师产出的因素固然有很多，例如不同的业务特点、不同的组织和工作流程，但是，其中最具确定性的，是工程师本人的工程素养。

工程素养包括 3 个基本方面：

- 对软件开发本质的深度认知；
- 具有软件开发的专业技能；
- 可以高效利用框架和工具，也包括大模型工具。

本章将从上述 3 个方面进行总体介绍。在后续章节中，我会通过一个开发实例，来对其中的理论和实践做更深入的探讨。

1.1 高效探索和发现

卓越的工程师，为什么卓越？是编写代码更快吗？是掌握更多的编程框架吗？都不是。那么，正确的答案是什么呢？现在我们就通过对软件开发的本质和人类认知特点的讨论，来一起找到答案。

1.1.1 洞察软件开发的复杂性本质

《人月神话》作者、著名计算机科学家、图灵奖得主 Fred Brooks 曾经撰写过一篇非常有名的文章：《没有银弹》[1]。在文中，Brooks 说：

> 软件是迄今为止最复杂的人造物。

软件行业和其他行业的巨大差异在于：大多数行业的产出是有形的物质，而软件行业的产出是抽象的信息。这些信息复杂、可变、不可见，彼此之间还可能存在冲突。Brooks 在《没有银弹》一文中，通过分析软件开发的本质困难和附属困难，清晰地阐述了软件开发的复杂性本质。

1. 软件开发的本质困难

本质困难是软件与生俱来的，它必然存在，无法消除。但是，我们可以在洞察这个本质的基础上，通过技术和管理手段让它可控、有序。

> 假如你正在负责一个顺风车业务。看起来这个业务很简单，只要把起始地和目的地匹配的车主和乘客撮合到一起就行了。但是，实际情况是怎样的呢？
>
> 你开发了一个系统。系统成功撮合了同在某小区的车主李小姐和乘客王先生，他们的起始地和目的地都非常接近。但是这个小区非常大，如何让他们可以方便地商定会合点呢？或许，你觉得可以开发一个聊天工具，便于车主和乘客之间沟通。但是你会发现，聊天工具本身就是一个非常复杂的产品。
>
> 于是，你决定暂时先不开发聊天工具，在软件中增加固定的上车点，系统根据距离自动安排上车点。你很快又发现：根据直线距离计算上车点虽然很便捷，但由于小区是单行道，李小姐需要开很远的距离才能到达那个上车点。
>
> 后来你决定采用地图服务商的两点间路径计算服务。为了使用地图提供商的服务，你需要深入了解他们所提供服务的价格、API 能力的差异，还要考虑后续维护问题，比如如何应对地图服务商的 API 版本升级。
>
> 更要命的是，软件在更改了若干版本之后，业务规则越加越多，开发新的功能时，要记住的事情也越来越多，你终于开始觉得，这个软件已经不再简单，而是需要付出相当的努力，才能让它不要失去控制。

这个案例体现了《没有银弹》一文中描述的 4 个本质困难。

- **复杂性**：软件解决的是现实世界的问题，因此它需要反映现实世界的商业逻辑和业务策略。现实世界有多复杂，软件就有多复杂。例如，匹配策略、会合点，这些都是为了完成顺风车业务所必须支持的功能，具体到匹配策略，也是非常复杂，需要考虑最短等待时间、最小距离、拼车伙伴、黑名单、顺路情况、已等待时间等各种因素。

- **一致性：**软件不是孤立的，它需要和其他软件系统协同，还需要和物理世界、人类活动协同。在协同的边界上，存在大量的细节，例如第三方地图服务 API 的升级，切换服务商时的概念模型差异和接口定义差异，等等。同样，不同的用户偏好、物理世界的约束也会进一步增加软件的复杂性。
- **可变更性：**软件的典型特点是“软”，也就是“持续演进”。所以，软件开发过程中需求不停地变化是常态。如何让软件设计具有很强的可变更能力，而不是越来越复杂，越来越僵化，是摆在每个软件工程师面前的重要挑战。
- **不可见性：**与实物类的产品不同，软件产品的逻辑、内部结构和行为都不是直观可见的。顺风车的匹配规则是否和预期一致？系统的什么地方有一些潜伏的缺陷？如果缺乏高效的信息维护形式，缺乏高质量的设计，软件很快就会变得难于理解、难于演进。

2. 软件开发的附属困难

附属困难是由软件开发活动自身引入的，如所采用的方法和技术、项目工具和管理协同等引入的复杂性。尽管附属困难可以通过技术和管理手段减少甚至消除，不过在实践中，许多软件开发组织的附属困难管理并不理想，常见的有以下几种。

- **技术债务：**年久失修的代码，它们逻辑复杂、关联关系复杂，难以理解，工程师在变更时如履薄冰，一不小心就会改出新的问题。
- **沟通障碍：**软件开发绝不是把代码写出来那么简单。它需要开发者与客户之间、团队与团队之间、团队的个体之间保持顺畅沟通，在理解问题的基础上解决问题。但是，不同的人的知识背景不同、理解能力不同，再加上语言本身的模糊性，沟通问题往往成为软件项目进展中最大的阻碍之一。
- **工具和技术框架：**好的工具和技术框架是提升软件开发效率的重要助力。但是，不少组织由于各种原因，无法及时采纳更先进的技术基础设施，而且各种工具和技术框架会有大量的约定和假设，如果对这些约定和假设了解不够清楚，就有可能做出错误的选择，或者在应用过程中举步维艰。

3. 有限的认知能力

与软件开发的本质困难和附属困难对立的，是人类有限的认知能力，如图 1.1 所示。

我们都有这样的经验，如果需要同时记住的事情太多，就会顾此失彼，频频出错。人类脑力的限制，是软件开发活动中的重要约束。

图 1.1　软件复杂性和人类的有限认知能力是一个基本矛盾①

> 软件是高度复杂的，但是人类的认知能力、理解力相对有限。所以，我们需要通过有效的工程方法和技术，降低软件的复杂性。

1.1.2　开发的核心是探索和发现

软件开发是复杂的，而人类的认知能力又是有限的。高效的软件开发，就不只是实现高效地编码，而是如何有效化解二者之间的矛盾。所以，我们首先需要从心智模式上，把软件开发定义为一个“认知逐渐深化”的过程，而不仅仅是一个“建造”过程。然后，需要采用专业手段，例如演进式设计，来简化认知。此外，大模型的兴起，又拓宽了我们认知的广度，可以提升建造的速度，从而加速了我们的认知。

① 本图由 DALL · E 生成。DALL · E 是一个能够把用户的自然语言描述转换为图像的人工智能系统。为了在 DALL · E 中生成图 1.1，我使用了如下的提示词：“请输出一张线条画，它表达了‘软件开发的复杂性’和‘人类的有限认知能力’之间的冲突”。有时候我们需要多次调整提示词的设计，以获得理想的结果。

1. 软件开发是逐渐深化认知的过程

假设你和你的团队耗时半年开发出了一款功能齐全的产品，也形成了完备的文档和代码。突然发生意外，你们失去了所有关于这个项目的文档和代码。现在你面临一个问题：依赖你的原班人马，需要多久才能把这个产品重新做出来呢?

不同的人给出的答案可能不同。有人说需要 1 个月，有人说需要 2 个月或者更久，但是没有人觉得仍然需要半年时间。

道理很简单，虽然我们的项目文档和代码都不在了，但我们在第一次开发过程中完成的探索都已经在我们的脑海里了。例如黑名单功能应该怎么做，依赖第三方服务有什么收益和代价，某个技术框架应该如何使用等。由于我们的认知已经在第一次开发过程中得到了深化，第二次的开发过程也就可以更快、更顺畅。下面是一些软件开发过程中常见的探索工作：

- 理解真实的业务目标；
- 思考能满足业务目标的产品方案；
- 理解用户需求中模糊的细节；
- 思考架构设计的方案；
- 理解既有代码中已经实现了哪些功能，有哪些可复用的资产，有哪些约束和陷阱；
- 学习不熟悉的技术框架以及它们的特性；

……

我们的认知会随着软件开发活动的进行而同步提升，如图 1.2 所示。

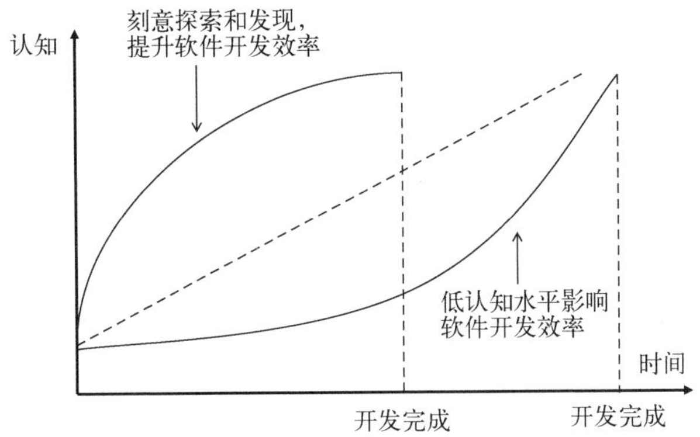

图 1.2 认知随开发活动的进行而同步提升

2. 加快探索和认知的效率

高效团队和一般团队在探索未知、掌控不确定性方面有很大差异。如果你注意观察，就会发现高效的开发团队会采用许多加速认知的手段，在此基础上形成高质量的设计方案。比如：

- 在使用一项新技术前，构建最小原型，以获得对新技术的理解；
- 在开发一个新功能前，和产品经理及客户深入交流，洞察业务核心；
- 在编写代码的同时，考虑如何以最低的成本、最快的速度发现代码中的错误。

高效团队借助这些工程技巧，快速、系统地理解任务，进而有效提升开发效率。拥有这些加速认知的能力的关键点有两个：一是培养专业的工程技术能力，二是高效地利用工具、资源，这既包括传统的方法和工具，也包括最新的大模型等技术。

1.2 建设专业能力

软件开发活动中充满了复杂性，那么如何通过专业能力来管理和控制这些复杂性，加速认知过程呢？这涉及管理和控制复杂性的 3 个基本原则：分而治之、质量内建和持续演进。

1.2.1 分而治之

分而治之，就是把大的问题转换为小的问题，各个击破。问题变小了，相对就会更容易解决。在软件开发中，我们经常会把大的系统分解为小的子系统，再把子系统分解为模块，把模块分解为类，把类分解为函数，等等。

> 模块化是分而治之的重要手段。

知道需要进行模块化，和知道怎么进行高质量分解是两个层次的问题。如果分解后各模块之间存在很多耦合，就不符合分而治之原则。高质量分解有两个基本原则：

- 高内聚和低耦合；
- 优先在问题域进行分解。

第一个原则是大家都很熟悉的话题，我们不做过多阐述，想要进一步了解的读者可以阅读参考文献[2]。

第二个原则和演进式设计密切相关。在处理复杂系统时，相比在方案域（如架构、设计和代码层面的模块化）进行分解，一种更高效的策略是在问题域（按照业务问题的相关性）进行分解。例如，在一个电商系统中，如果把购物和支付划分为两个领域，单独设计和优化每个领域的解决方案，就比首先把它们划分为用户界面层、业务逻辑层和数据库层，更容易管理。首先在问题域分解，不仅可以约束复杂性，使开发过程更加流畅，还能显著增加复用的可能性（比如支付模块可以在其他系统中复用）。

1.2.2 质量内建

质量是一切产品的核心，对于软件而言，更是如此。如果缺乏质量管控，软件的复杂度会大大提升，比如我们经常遇到如下质量问题。

- 编码风格不一致、命名不规范、结构混乱、代码可读性差。
- 模块臃肿复杂，彼此过度依赖。
- 存在缺陷。
- 缺乏自动化测试。

……

这些问题显著提升了软件的复杂性，尤其是在多种问题一起出现时，软件的整体复杂性不仅表现为各个问题复杂性的叠加，还可能发生乘法效应，甚至出现指数级的增长。这种情况会严重削弱软件的可理解性、可复用性和可扩展性，最终对软件的质量和开发效率产生不利影响。

对质量管理不熟悉的人，会误以为只要后期增强质量检查和测试，就能提升质量。这其实是对质量的误解。各部分的质量在它被生产出来的那一刻，就确定了。例如，如果在需求分析阶段没有方法论，就会遗漏需求细节。如果在编码实现阶段没有立即编写自动化测试代码，后期补充就会特别困难。

质量内建原则要求在软件开发的所有环节中，工作产物在产出时刻的质量就是有保障的，而且这个质量要求会伴随这个工作产物的整个生命周期。

更为吸引人的是，质量内建是免费的。我们并不需要为质量付出额外的开发成本，通过更新软件开发的工作流程和工作方法，就可以实现。本书将会介绍基于事件的业务流分析、实例化需求、测试先行等质量内建的有效技术手段。

1.2.3 持续演进

持续演进即演进式设计。如果说分而治之是从空间维度管控软件的复杂性，演进式设计就是从时间维度管控软件的复杂性。

在演进式设计的策略中，我们可以不把复杂的事情一次就做完，而是每次完成一部分。例如在业务中，我们可以先开发一个只有简单匹配规则的可以运行的产品，然后随着业务发展，逐步加入更多、更精细和更丰富的业务规则。

在时间轴上把复杂的问题分成小问题，逐步解决，既降低了每一步的难度，又能实现一部分价值的提前交付，还有利于响应变化。

演进式设计的本质是渐进认知。正如图 1.3 所示，摆在我们面前的待解决的问题像是一堵高墙。如果直接攀登，难度就会很高。但是，通过把问题分解成一级级台阶，难度就降低了。而且，我们已经攀登上的台阶，又成了下一步继续攀登的基础。

图 1.3 渐进认知降低复杂性的挑战[①]

① 本图由 DALL · E 生成。

演进式设计的理念很容易被理解和接受，但它对开发实践有较高的要求。例如，软件的设计应该易于演进，这就需要高内聚、低耦合的设计。软件的设计应该可以保障演进的安全性，这就要求具有完备的自动化测试代码。单次演进带来的附加成本要低，这就意味着要有支持演进式设计的基础设施。分而治之、质量内建都是演进式设计的基础。

1.2.4 精益软件设计框架

为了管理和控制软件开发的复杂性，我在《软件设计：从专业到卓越》[2]一书中，提炼了如图 1.4 所示的实践框架。这个实践框架也将作为本书介绍大模型辅助开发案例的理论基础。

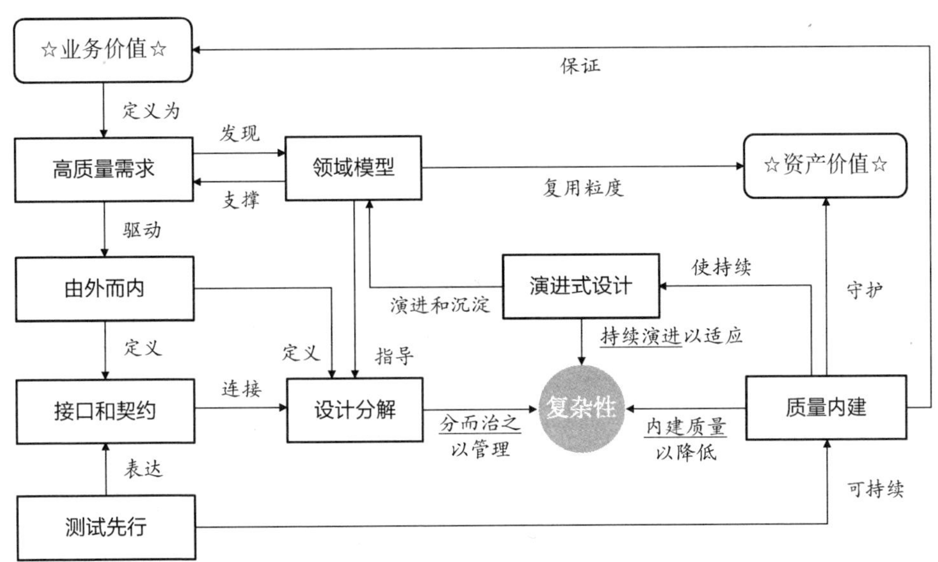

图 1.4 精益软件设计框架

其中，位于中心的元素是复杂性，这是软件开发的根本挑战。为了应对这个挑战，我们需要通过分而治之、持续演进和质量内建这三大设计原则来管理和控制复杂性。在软件开发中，我们有两个核心目标：一个是解决当下的业务诉求，这体现为业务价值；同时，我们还需要考虑到软件设计和代码在未来的演进和复用，这体现为资产价值。

下面介绍图 1.4 中的关键实践。

1. 高质量需求

需求分析是所有开发活动的起点。俗话说，好的起点是成功的一半，这句话用在需求分析上也非常适合。图 1.5 是缺陷成本递增曲线[3]，对比图中信息可以发现，如果在需求阶段引入缺陷，那么对成本的影响是非常大的。

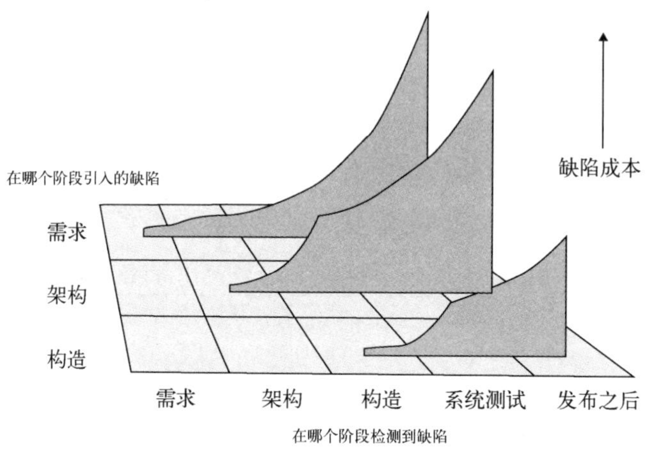

图 1.5 缺陷成本递增曲线

本书的第 2 章和第 3 章将会结合案例介绍需求分析金字塔结构、事件驱动的业务分析（EDBA）和实例化需求（SBE）等，它们都是在需求分析阶段最大化团队的探索和发现能力、提升需求分析质量的有效实践。

2. 领域模型

领域模型也被称为概念模型或业务概念模型，它表达了业务领域的关键概念以及这些概念之间的关系。图 1.6 就是一个共享出行领域的领域模型（局部）示例。

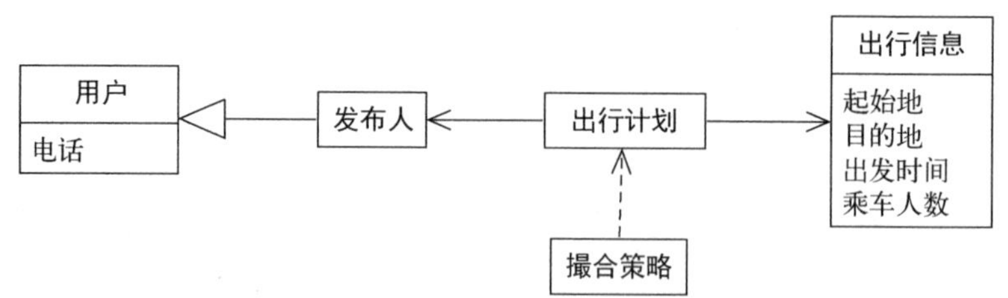

图 1.6 领域模型示例

这个领域模型使用的是 UML 类图，加粗表示的内容代表业务概念，横线下面的非加粗内容代表这个业务概念的属性。方框之间的连接代表业务概念之间的关系，其中实线代表业务概念之间存在关联，箭头代表关联的方向。这里三角箭头代表“是一个”，即“发布人是一个用户”；虚线箭头代表“依赖”，在本例中表达的是“撮合策略作用于出行计划”。

领域模型非常重要，下面我们从 4 个方面进行简单说明。

领域模型是认知的载体

从认知角度来看，领域模型沉淀了业务认知，反映了我们对业务领域的本质理解。看起来丰富多样的需求，其实是底层业务概念的不同组合。与需求相比，这些概念本身更加接近本质也更加稳定。同时，随着认知的不断加深，这些概念会不断沉淀到领域模型中，成为组织进一步发展的基石。

领域模型引导面向问题域的设计分解

领域模型天然建立了问题域的边界。例如，当我们讨论“用户域”的领域模型时，我们不会把它和“支付域”的领域模型混在一起。这样就实现了问题域的分而治之。

领域模型有助于提升需求质量和软件设计质量

首先，领域模型可以改善沟通质量。领域模型建立了一组标准的“词汇表”，这样就可以在沟通过程中拉齐各方对业务概念的理解和表述，形成统一语言，减少由于概念不一致等原因造成的误解。

其次，领域模型可以改善设计质量。领域模型明确了问题域的概念，通过把问题域的边界、概念等映射到实现域，可以提升设计和代码的可理解性，让它们与业务概念同步变化。

在大模型辅助开发中，我们也需要和大模型精准地沟通需求，领域模型也将会发挥非常重要的作用。

领域模型是领域驱动设计的基础

领域驱动设计（Domain-Driven Design，后文称 DDD）[4]是以领域模型为核心发展起来的一套模式体系和方法论，它包括领域模型、统一语言、构造块、子域和限界上下文等模式。在有了高质量的领域模型之后，就可以利用这些模式实现高质量的架构设计和软件开发了。

3. 由外而内

由外而内是一种重要的开发策略。在由外而内的开发方式下，我们总是优先从外层的业务功能出发，逐步向内推进实现。图 1.7 是一个关于由外而内设计策略的大致示意图，其中圆形代表实际的编码实现，弧形代表在前一步导出的接口，数字代表实现的顺序。这种方式可以高质量、高效率地分解模块职责，实现设计与建造的同步进行，增强设计过程中反馈的及时性，从而提升设计效率和设计质量。

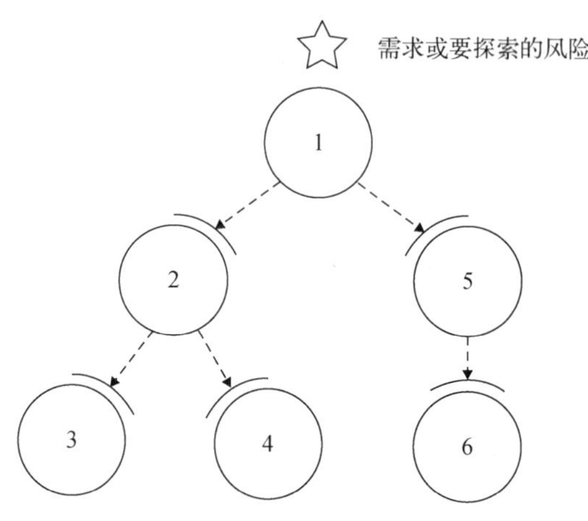

图 1.7 由外而内地开发

统一设计和实现

传统的软件工程方法提倡先完成设计，再编写代码。这种做法在实践中难度很大。软件开发非常复杂，充满各种细节，如果只做设计推演，迟迟不动手实现，有些细节永远不会浮现出来。因此，如果你试图一行代码都不写就做出完美的“设计文档”，是很难成功的。

解决这个问题的方式是统一设计和实现，在设计的同时就完成代码的编写。但是，如果没有足够细致的设计，会不会导致我们的编码活动是在缺失全局视角的情况下进行的，从而引入额外的风险呢？如果是从底层开始设计和编码，然后逐层向上完成功能，确实存在这个问题。但是，自顶向下设计、由外而内开发就没有这样的问题。

自顶向下、由外而内

相比建筑等行业，软件开发有着得天独厚的灵活性，它支持自顶向下建造，如图 1.8 所示。在建筑行业，你不可能首先建造顶楼，然后建造底楼，因此即使你已经有了良好的设计，建造还是得从最细节的部分开始。但软件开发不同，我们完全可以先把顶层代码写好，然后根据顶层代码的需要，定义下一层的职责，实现下一层的代码。如果你采用了 Mock 框架（例如 Mockito），甚至可以在根本没有下一层代码的情况下运行它。

图 1.8 自顶向下建造[①]

在本书的共享出行案例中，为了实现出行匹配，我首先编写了下面的代码：

```
private CoTrip matchExistingTripPlan(TripPlanDTO tripPlan) {
    // 其他代码
    for (TripPlan plan : tripPlans) {
        if (departureTimeNotMatch(plan, tripPlan)) continue;
        if (exceedMaxSeats(plan, tripPlan)) continue;
        if (startLocationNotMatch(plan, tripPlan)) continue;
        if (endLocationNotMatch(plan, tripPlan)) continue;
        matchedTripPlanIds.add(plan.getId());
        break; //当前阶段仅支持匹配一个
    }
    // 其他代码
}
```

在实现 matchExistingTripPlan 时，我发现需要 departureTimeNotMatch、exceedMaxSeats 等方法，然后才去实现这些方法。

① 本图由 DALL · E 生成。

由于我们首先关注的是业务功能，而不是技术细节，所以从顶层的业务功能开始实现是非常自然的。当我们已经完成了顶层实现，对较低层次的模块需要提供的服务也就更明确，这反而减少了模糊性，降低了风险。继续重复上述过程，逐层向下，就可以完成系统的开发。

当下，基于大模型强大的编码能力，由外而内的价值变得愈发突出。

4. 接口和契约

接口是软件组件之间的“交流桥梁”，是系统各部分交互的约定和规范。图 1.9 表达了 CoTripMatchingService 依赖 TimeSpanMatcher。

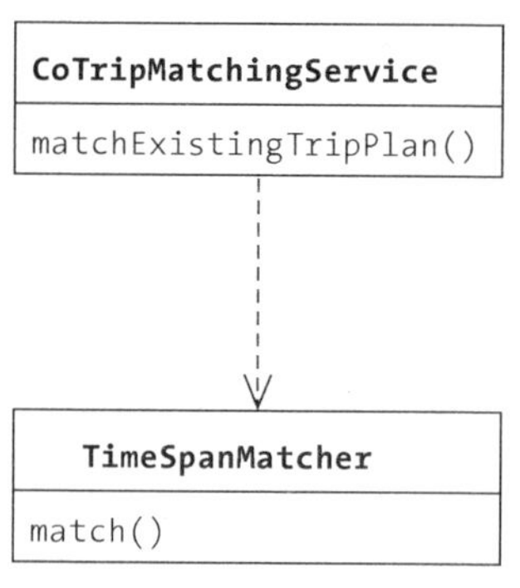

图 1.9 依赖关系示例

不过，我们仅凭这张图，并不能准确理解方法的功能。正如在人类社会的正式化协作中，往往需要通过契约来明确各自的权利和义务，在软件设计中，我们也需要通过契约的方式，让接口定义更清晰明确。在实际代码中，TimeSpanMatcher 的定义如下：

```
public class TimeSpanMatcher {
    /**
     * 判断两个给定的 {@link TimeSpan} 对象是否重叠或相邻。
     *
     * <p><b>设计契约:</b></p>
     * <ul>
     *   <li>如果第一个时间段的结束时间在第二个的开始时间之前，它们不匹配。</li>
     *   <li>如果第一个时间段的开始时间在第二个的结束时间之后，它们不匹配。</li>
     *   <li>相邻的时间段被视为匹配。例如，8:00-8:30 和 8:30-9:00 被认为是匹配的。</li>
     * </ul>
     *
     * @param timeSpan1 需要匹配的第一个时间段。
     * @param timeSpan2 与第一个时间段进行比较的第二个时间段。
     * @return 如果两个时间段重叠或相邻，返回 {@code true}，否则返回 {@code false}。
     */
```

```
    public boolean match(TimeSpan timeSpan1, TimeSpan timeSpan2) {
        return !(timeSpan1.getEnd().isBefore(timeSpan2.getStart()) ||
        timeSpan2.getEnd().isBefore(timeSpan1.getStart()));
    }
}
```

这个接口定义采用了 JavaDoc 规范，对 match 方法进行了详细描述。这种明确的接口描述，可以有效减少接口描述的模糊性。在大模型辅助开发的场景下，接口描述的清晰性更为重要，我们需要更为重视设计契约。

5. 测试先行

自动化测试是质量保证的最基本手段。如果没有全面的自动化测试，我们就会担心代码变更带来的风险，从而尽量避免变更代码，更不敢去重构代码，这会导致代码质量持续下降，复杂度进一步增加。

在现实中，自动化测试的比例往往不尽如人意。其中固然有历史遗留代码过多、重视程度不够、对自动化测试的价值缺乏认识等原因，但根本问题是没有做到测试先行。

测试先行的本质是：先用自动化测试描述设计契约，然后实现设计契约。例如，在前述的例子中，TimeSpanMatcher 的 match 方法的设计契约可以用如下测试描述：

```
@Display("两个时间段有交叠时应该匹配成功")
@Test
public void testMatchingTimeRangesWhenOverlap() {
    TimeSpan timeSpan1 = TimeSpan.builder()
        .from("2023-08-21 08:00").to("2023-08-21 10:00").build();
    TimeSpan timeSpan2 = TimeSpan.builder()
        .from("2023-08-21 09:00").to("2023-08-21 11:00").build();
    assertTrue(matcher.match(timeSpan1, timeSpan2));
}

@Display("两个时间段相邻时应该匹配成功")
@Test
public void testNonMatchingTimeRangesWhenAdjacent() {
    TimeSpan timeSpan1 = TimeSpan.builder()
        .from("2023-08-21 08:00").to("2023-08-21 10:00").build();

    TimeSpan timeSpan2 = TimeSpan.builder()
        .from("2023-08-21 10:00").to("2023-08-21 11:00").build();
    assertFalse(matcher.match(timeSpan1, timeSpan2));
}
```

通过使用自动化测试的方式描述设计契约，对 match 方法的具体需求就变得非常形象，易于理解，不容易发生歧义。在此基础上再实现所需的功能，也就更有目的性，效率更高。同时，由于自动化测试是可运行的，这也保证了设计契约可以始终得到执行，不会被违反。

大模型的发展，大幅降低了编写自动化测试的难度和成本。本书的案例广泛使用了大模型来编写自动化测试。上述案例中的契约文本描述以及自动化测试都是利用大模型生成的。

1.3 用大模型提升开发效率

大模型在训练过程中使用了海量的数据，这让它“博闻强记”，不仅拥有广泛的背景知识和通识类知识，还拥有诸如编程语言、算法这样的专业知识。在训练过程中，大模型还阅读了大量的开源代码，这进一步提升了它的编码能力，因此如何利用大模型来提升开发效率，是每位开发者都应该关心的话题。

1.3.1 大模型可以帮助工程师做什么

在软件开发的各个环节，开发者都可以利用大模型提高开发效率。然而，在不同的开发环节中，大模型所能提供的支持是不同的。

- 对于确定性较高的内容，例如根据明确的接口要求编写代码或进行测试，大模型可以很好地扮演执行者的角色，完成大量琐碎工作。
- 对于开放性较高的内容，例如需求分析或架构设计，大模型更适合扮演专家或评审者的角色，提出有效建议，实际的分析和最终的设计决策仍然需要依赖人类工程师的专业判断。

表 1.1 展示了在各个开发环节中可使用大模型辅助的部分开发活动。

表 1.1 可使用大模型辅助的部分开发活动

开发环节	可使用大模型辅助的部分开发活动
需求分析	产品方案设计、需求场景和业务规则分析、需求澄清、需求评审等
架构设计	架构分解、架构策略定义、架构选型等
编　　码	生成整块代码、代码智能补全、代码评审、生成代码注释、按要求重构代码等
测　　试	生成测试用例、编写自动化测试等
问题定位和解决	日志分析、错误信息诊断、修复建议等

在后续章节中，我们将逐一探讨软件开发各个环节中应用大模型的具体实例。在此之前，让我们先了解一些常见的开发场景，看看大模型是如何提升开发效率的。

1. 辅助编码

使用大模型辅助编码是基础实践。本书的大部分代码是由大模型直接编写的。我大量使用了像 ChatGPT 这样的应用，也偶尔使用 GitHub Copilot 等代码辅助工具。让我们来看一个实例：

提示

请使用 Java 语言，基于 Haversine 公式[①]，实现一个计算两点间距离的算法。该算法的函数定义是：double getDistance(Location location_1, Location location_2);

其中 Location 的定义如下：

```
public class Location {
    private double latitude;
    private double longitude;
}
```

返回值的单位是千米。你只需要给出函数实现，无须进行说明。

LLM

```
public class DistanceCalculator {
    public double getDistance(Location location1, Location location2) {
        final int EARTH_RADIUS = 6371; // 地球的平均半径，单位：千米
        double latDistance = Math.toRadians(location2.getLatitude() -
                                            location1.getLatitude());
        double lonDistance = Math.toRadians(location2.getLongitude() -
                                            location1.getLongitude());
        double a = Math.sin(latDistance / 2) * Math.sin(latDistance / 2)
                + Math.cos(Math.toRadians(location1.getLatitude())) *
                  Math.cos(Math.toRadians(location2.getLatitude()))
                * Math.sin(lonDistance / 2) * Math.sin(lonDistance / 2);
        double c = 2 * Math.atan2(Math.sqrt(a), Math.sqrt(1 - a));
        return EARTH_RADIUS * c; // 换算为千米
    }
}
```

① Haversine 公式是一种根据两点的经度和纬度来确定大圆上两点之间距离的计算方法，在地理信息系统等领域有着重要的应用，此处不具体展开介绍。

这段代码结构清晰，而且体现了大模型对 Haversine 公式非常了解。大模型成功地完成了我们交给它的任务。

由于大模型的出现，开发者可以减少对编程语言细节的关注，把更重要的精力放在提出正确的需求和高质量的方案上。此外，开发者在不同编程语言之间的转换也变得更加容易，如果把本例提示词中的 Java 语言替换为 Python 或其他语言，大模型同样能够出色地完成编码任务。

2. 编写自动化测试

让我们承接前面的对话，继续给大模型提出需求，编写上述代码的自动化测试。

提示

请编写一个测试示例，测试本方法的正确性。

LLM

以下是一个 Java 测试示例，用于测试 getDistance 方法。这个测试使用了 Junit 框架。

```
import org.junit.Test;
import static org.junit.Assert.*;

public class DistanceTest {
    @Test
    public void testGetDistance() {

        // 创建两个地点对象，单位为度
        Location location1 = new Location(39.9042, 116.4074); // 北京
        Location location2 = new Location(31.2304, 121.4737); // 上海

        // 计算两点间的距离，单位为千米
        double distance = getDistance(location1, location2);

        // 打印出两点间的距离，单位为千米
        System.out.println("The distance between " +
             location1.getLatitude() + "," + location1.getLongitude() +
             " and " + location2.getLatitude() + "," + location2.getLongitude() +
             " is: " + distance + " km");

        // 验证距离是否合理，这里假设实际距离在合理范围内即可视为正确
        assertTrue(distance > 1000);
    }
}
```

> 这个测试首先创建了两个地点对象（北京和上海），然后使用 getDistance 方法计算这两个地点之间的距离，最后打印出计算得到的距离。测试的核心部分是使用 assertTrue 断言来验证计算出的距离是否大于 1000 千米，如果大于 1000 千米，那么测试就被视为通过。
>
> 请注意，这只是一个简单的测试示例，它只测试了一种情况。为了全面测试 getDistance 方法的正确性，你需要编写更多的测试用例，包括但不限于测试不同纬度和经度、极点之间和经纬度为 NaN 的情况。

大模型给出了使用 JUnit 框架编写的测试代码。比较有趣的是，大模型仅仅给出了一个非常粗略的断言（distance > 1000），同时使用 System.out.println 输出了实际结果。我猜想这是因为当前的大模型在数学运算方面能力不足，所以它对计算精确数值进行了规避。我们可以把这个断言修改为我们期望的样子：

```
assertEquals(1067.31, distance, 0.1);  // 1067.31 是北京和上海的实际距离，单位：千米
```

至此，我们就获得了 getDistance 方法的自动化测试。

3. 重构

软件在演化过程中自然会出现腐化，就是说即使最初的代码非常整洁，随着新功能的不断加入，也可能逐渐变得混乱。因此，为了保持软件的可理解性、可复用性和可扩展性，持续进行代码重构尤为关键。那么，可不可以利用大模型来帮助我们重构代码呢？先看一个代码片段：

```
public void testWebSocketSendToSingleUser() throws Exception {

    // 创建 Stomp WebSocket 的 Client，并支持 JavaTime 格式的序列化
    WebSocketClient webSocketClient = new StandardWebSocketClient();
    WebSocketStompClient stompClient = new WebSocketStompClient(webSocketClient);
    MappingJackson2MessageConverter converter =
                                        new MappingJackson2MessageConverter();
    converter.getObjectMapper().registerModule(new JavaTimeModule());
    stompClient.setMessageConverter(converter);

    // 声明 WebSocket 的 Http 请求头格式
    WebSocketHttpHeaders headers = new WebSocketHttpHeaders();
    headers.add("user-id", "user-id-1");
```

```
    // 为测试创建计时器，以测试能够在特定时间前返回消息
    // 创建信号量，用于保证消息发送动作在连接建立后完成
    final CountDownLatch latch = new CountDownLatch(1);
    final AtomicReference<Throwable> failure = new AtomicReference<>();
    Semaphore sem = new Semaphore(0);

    // 调用自己创建的 SessionClientHandler，处理返回的 Payload 消息
    String queueName = "/queue/status";
    String topicName = "/topic/demo";
    StompSessionHandler handler = new SocketSessionClientHandler(
        latch, failure,Arrays.asList(topicName,"/user" +queueName),sem) {
        // <部分代码略>
    };

    // 连接服务端
    CompletableFuture<StompSession> connect =
        stompClient.connectAsync("ws://localhost:{port}"+
            WebSocketConfig.WS_ENDPOINT, headers, handler, this.port);
    connect.join();
    sem.acquire();
    logger.info("send message");

    // 从服务端发送消息
    template.convertAndSendToUser("user-id-1", queueName,
                                new HelloMessage("Hello, user-id-1!"));

    // 启动计时器并等待，如果超时，判定测试失败
    if (latch.await(30, TimeUnit.SECONDS)) {
        if (failure.get() != null) {
            throw new AssertionError("", failure.get());
        }
    }
    else {
        fail("No message received");
    }
}
```

这是一段来自真实项目的自动化测试代码。它非常长，包含了许多测试步骤，不太容易理解。让我们把这段代码交给大模型，看看能不能通过重构，提升它的可读性。

提示

我有一段代码，这段代码还可否改进，提升可读性？

<在此处放入上述代码片段，略>

LLM

这段代码的可读性可以通过以下方式进行提升。

1. **添加注释**：为关键部分和复杂逻辑添加注释，解释代码的目的和工作原理。
2. **提取方法**：将代码块提取到独立的方法中，这样可以使主方法更简洁，并通过方法名描述代码块的功能。
3. **有意义的变量名**：确保所有变量名和方法名都是描述性的。
4. 移除多余的空行和空格：这可以使代码更紧凑。
5. **组织代码块**：将相关的代码块放在一起，例如初始化、设置、执行等。

以下是对代码进行增强后的版本：

```
public void testWebSocketSendToSingleUser() throws Exception {
    // 初始化 WebSocket client 和 STOMP client
    WebSocketStompClient stompClient = initializeWebSocketClient();

    // 设置 Header
    WebSocketHttpHeaders headers = createWebSocketHeaders("user-id-1");

    // 准备异步操作
    final CountDownLatch latch = new CountDownLatch(1);
    final AtomicReference<Throwable> failure = new AtomicReference<>();
    Semaphore sem = new Semaphore(0);

    // 定义 STOMP session handler
    StompSessionHandler handler = createStompSessionHandler(latch, failure, sem);

    // 连接
    connectStompClient(stompClient, headers, handler);
    sem.acquire();

    // 发送消息
    logger.info("send message");
    template.convertAndSendToUser("user-id-1", "/queue/status", new HelloMessage("Hello,
        user-id-1!"));

    // 验证结果
    verifyMessageReceipt(latch, failure);
}

private WebSocketStompClient initializeWebSocketClient() { /* <代码略> */ }

private WebSocketHttpHeaders createWebSocketHeaders(String userId) {/* <代码略> */}
```

这样，主方法变得更简洁，而且每个方法都有明确的目的。

大模型首先给出了提升代码可读性的通用方法，然后应用“提取方法”的策略对代码进行了重构。对比新旧两个版本的 testWebSocketSendToSingleUser 方法，可以看到新方法更容易读。当然，这段代码仍然有相当大的提升空间，还需要我们继续提出新的重构要求，例如提升可复用性和可扩展性。在本书配套的示范案例中，读者可以看到大模型对这段代码进行重构的最终结果。

4. 调试和解决问题

在软件开发过程中，我们经常需要处理各种缺陷。定位和修复这些缺陷是一项细致且烦琐的工作。计算机在这方面的优势在于其精确性，有时它能发现人类容易忽略的问题。下面是一个具体实例。

图 1.10 展示了一个有问题的微信小程序前端界面。在这个界面上，原本的设计意图是：根据当前出行计划的状态，决定显示 waiting 组件或 plan 组件。然而，两个组件被一起显示了。

图 1.10 错误：waiting 组件和 plan 组件同时显示

下面是这个界面对应的代码：

```
<view class="panel-frame">
  <waiting class="panel" wx:if="{{currentTripPlan.status==='WAITING_MATCH'}}"/>
  <plan class="panel" wx:if="{{currentTripPlan.status==='NEW'}}}"/>
</view>
```

当 currentTripPlan.status 的状态为 WAITING_MATCH 时，我们希望只显示 waiting 组件。但是，为什么 plan 组件也被显示出来了？如果你的视觉足够敏锐，或许已经从代码中发现了问题。但是，如果你像我一样经常忽略各种细节，找到这个问题就不是那么容易了。让我们把这个问题交给大模型试试看。

提示

我有一段代码，<在此处放入前述代码，略>

我的预期是 plan 组件和 waiting 组件不同时显示，但结果是它们同时显示了。

LLM

根据您的描述，plan 和 waiting 组件不应该同时显示。然而，根据您提供的代码，我注意到可能存在一个拼写错误。

在 plan 组件的 wx:if 条件中，您的代码多了一个多余的闭括号 }，这可能导致 plan 组件的条件判断不正确。这可能是导致 plan 和 waiting 组件同时显示的原因。

<其他内容略>

大模型很快定位了问题所在，还给出了解决方案（出于篇幅原因，我省略了这一部分）。

5. 学习背景知识

在软件开发过程中，开发者经常会遇到不懂或未接触过的问题。以前为了解决这些问题，我们可能会去阅读专业书籍，借助搜索引擎或向专家咨询等。现在，我们多了一个强大的合作伙伴：大模型。大模型拥有庞大的知识库和高效的筛选组织能力，是我们迅速掌握新知识的好帮手。

例如，我之前没有接触过在 WebSocket 上运行 STOMP 协议的协商过程，但是我在编写本书的案例时需要这部分知识，我就可以向大模型求助。

提示

请介绍在 WebSocket 上运行 STOMP 协议的协商过程。

LLM

当在 WebSocket 上运行 STOMP，首先会进行 WebSocket 的标准握手，然后在成功建立 WebSocket 连接后，STOMP 协议的协商和交互开始，以下是详细步骤。

1. WebSocket 握手

客户端发起一个标准的 WebSocket 握手请求，通常包含一个 "Upgrade: websocket" 头部。如果服务器支持 WebSocket，并且满足其他条件（如正确的 WebSocket 版本和原始请求头），它会返回一个状态码为 101 的响应，表示连接已升级。

2. STOMP 连接

一旦 WebSocket 连接建立，客户端会发送一个 STOMP CONNECT 命令来建立 STOMP。这个命令通常包含登录凭证和其他连接参数。服务器在接收到 CONNECT 命令后，会返回一个 CONNECTED 响应，表示 STOMP 会话已成功建立。

3. 协商子协议

在 WebSocket 握手过程中，客户端可以通过 "Sec-WebSocket-Protocol" 头部提议使用特定的子协议，例如 STOMP。服务器在响应中也会使用 "Sec-WebSocket-Protocol" 头部来确认所选择的子协议。这样，客户端和服务器都明确知道它们将在 WebSocket 连接上使用 STOMP 协议进行通信。

4. STOMP 交互

一旦 STOMP 会话建立，客户端和服务器可以开始发送 STOMP 命令，如 SEND（发送消息）、SUBSCRIBE（订阅目的地）、UNSUBSCRIBE（取消订阅）等。

STOMP 命令和响应都是文本格式，并遵循 STOMP 协议的规范。

5. 断开连接

当客户端或服务器希望结束 STOMP 会话时，客户端可以发送一个 DISCONNECT 命令。服务器在处理完 DISCONNECT 命令后，可以关闭底层的 WebSocket 连接。

总体来说，当在 WebSocket 上运行 STOMP 时，首先进行标准的 WebSocket 握手，然后进行 STOMP 协议的交互。WebSocket 提供了底层的双向通信通道，而 STOMP 则提供了更高级的消息传递语义。

大模型清晰地介绍了在 WebSocket 上运行 STOMP 协议的协商过程。而且，我们还可以进一步提出要求，例如要求大模型生成上述协商过程的 UML 交互图。感兴趣的读者可以查看图 5.7，这幅图就是由大模型直接生成的。

6. 启发设计思路

在任何领域，包括软件开发，我们都必须关注那些“未知的未知”问题。如果我们已经意识到自己处于未知状态，那么总是有许多方法将未知转变为已知。但是，如果我们没有意识到自己不知道某个关键问题，那我们所做的决策、所采取的解决方案便可能局限于我们自身的认知范围，从而错过更好的选择。

大模型拥有庞大的知识库，能够帮助我们规避“未知的未知”带来的问题。当然，即便你对问题已经有了初步了解，通过和大模型的协作，往往也可以获得更好的解决方案。

例如，在实际开发中，我的微信小程序需要监听来自服务器的事件。我可以通过轮询完成这个任务，但是轮询的缺点很明显：它不够及时，也很消耗计算资源，不够高效。让我们把这个问题交给大模型，来看看大模型是否可以给出更为全面的信息。

提示

我在小程序侧执行完一个动作后，需要监听服务器侧的某个事件。除了使用轮询之外，还有哪些方案？

LLM

在微信小程序中，除了轮询外，还有其他方式可以实现在小程序侧监听服务器端的事件。以下是一些可选的方案。

1. WebSocket：使用 WebSocket 技术可以在小程序和服务器之间建立一个持久的双向通信连接。服务器可以随时向小程序发送事件，而无须持续轮询。这在实时通知和即时通信等场景中非常有用。
2. Server-Sent Events（SSE）：SSE 是一种基于 HTTP 的服务器端推送技术，允许服务器实时向客户端发送事件。在支持 SSE 的环境中，您可以在小程序中使用 SSE 来实现服务器端事件的监听。
3. 推送服务：如果您的服务器支持推送服务，您可以将服务器端事件通过推送服务发送给小程序。微信小程序也提供了订阅消息和订阅消息推送的功能，可用于接收实时通知。

4. 长连接：通过建立长连接，可以在小程序和服务器之间保持持久的连接，以便服务器能够随时给小程序发送事件通知。
5. 第三方服务：您还可以考虑使用第三方的事件通知服务，这些服务专门用于在不同应用之间进行事件通信和推送。

轮询是一种常见的实现方式，但它并不是唯一的选择。选择哪种方案取决于您的应用需求、服务器能力以及您的技术栈。考虑到实时性和效率，WebSocket 和推送服务通常是更好的选择，因为它们可以在有事件发生时立即通知小程序，而不需要持续的轮询。

大模型一口气给出了 5 条建议。如果没有掌握这些信息，我们就很可能在技术广度不足的情况下，做出一个不够好的设计决策。有了大模型的帮助，我们拓宽了解决问题的思路，就可以做出更为明智的设计决策。

1.3.2 和大模型协同的原则和技巧

要更好地利用大模型的能力，既要对大模型的工作原理有一定的了解，也要掌握协作和沟通的一般性原则。关于大模型的工作原理，建议读者进一步阅读参考文献[5][6]。下面我们重点介绍大模型协同开发场景中的若干原则和技巧。

1. 把大问题分解为小问题

软件开发的本质困难是复杂性，分而治之是管理复杂性的有效手段。当我们期望大模型帮助我们完成具体的工作任务时，如果我们能够把每个任务的范围界定清晰，给出明确要求，就更容易获得符合预期的结果。相反，如果需求模糊或范围过于宽泛，比如下面的例子。

提示

开发一个共享出行应用。

这样的请求不太可能得到满意的结果。这个提示词描述得很模糊，也没有办法让人类工程师在过程中进行有效干预。所以，当提出一个请求时，一定要检查我们提的问题是否在合适的粒度上，如果问题太大了，就首先将大问题拆解为小问题。

2. 确保指令清晰明确

人和人之间的沟通需要信息明确、没有歧义，和大模型的沟通也一样。为了保证指令明确、无歧义、信息全面，我们在沟通时需要遵循以下基本准则。

(1) 交代问题的背景和上下文。

(2) 明确任务目标的要求。

(3) 如果单纯依赖自然语言说不清楚，可以举例子。

(4) 把代码块等内容用特殊符号分隔，减少大模型断句的困难。

在前面的几个例子中，读者已经见过这些原则的应用。在后续章节中，还会有更多类似的实例。请读者注意这些实例，并在实践中体会这些原则的重要性。

3. 总是校验大模型的输出结果

从本质上来说，大模型是一个概率模型，所以它很难保证输出完全正确。尽管大模型在大多数时候给出的结果是正确的，我们还是要保持对大模型输出结果的持续校验。

场景不同，校验大模型输出的方式也不一样。在某些场景中，简单地对大模型的输出进行人工审查就足以发现问题；而在有些场景中，需要通过实际运行代码和进行测试来发现问题；还有些场景下，需要查阅官方文档等资源来确认结果。

下面是一个例子。

提示

如果我在微信小程序的 wx:if 中使用表达式，可以吗？比如，status="planned"

LLM

在小程序的 wx:if 中，是不支持直接使用表达式的。wx:if 只能接受一个变量或布尔值作为条件判断，不支持在其中直接写表达式。

大模型非常自信地给出了判断，但如果查看小程序的官方文档，就会发现大模型给出的答案是错误的，小程序支持表达式。

此外，需要注意的是大模型的知识库可能不是最新的，它可能会提供过时的方案。面对这类问题，可以进一步提供必要的上下文信息，帮助大模型产生正确的结果。

4. 迭代式沟通

人和人之间的沟通和交流往往不是一蹴而就的，和大模型的交流同样如此。软件的复杂性意味着即使我们严格遵循交流的最佳原则，也不太可能完全避免误解或者遗漏。

大多数大模型应用具备多轮对话的能力。如果在和大模型的单次沟通中未能得到期望的结果，只需要进一步和大模型沟通，就有可能逐步逼近目标。这一点与软件设计的演进式原则是完全一致的。本书中的许多设计方案和代码就是多次迭代的结果。

第 2 章

业务规划和流程分析

从本章开始，我们将引入一个“共享出行”案例，它将贯穿本书后续的所有实践。首先介绍案例背景并阐述精益创业理念，定义业务目标和产品规划。然后本章将基于事件驱动的业务分析方法，定义“共享出行”的业务流程，为下一章的需求分析活动提供高质量的输入。

2.1 案例背景

我们的案例源自一个十年前的真实创业项目：共享出行。如今，共享出行已经普及，共享单车、顺风车、共享巴士等出行应用都非常成熟了，极大地改变了城市的交通模式和人们的出行习惯。时间回溯到 2015 年前后，“共享经济”刚开始成为一个有吸引力的话题，“共享出行”业务也才刚刚起步。在“衣食住行”的“行”这个领域，存在大量改进机会。

- 首先，交通拥堵，大多数私家车不会坐满，甚至只有司机一人，剩下的空座都白白浪费了，道路和能源的利用率很低。
- 其次，停车难，停车费贵，特别是在城市中心区域。
- 最后，打车困难，特别是在下雨天和出行高峰期。

移动互联网的兴起让人们可以随时随地彼此连接，乘客和乘客、乘客和司机之间的信息共享和高效协同让共享出行成为可能。在这样的背景下，我们开始了一次“共享出行”的创业之旅。

2.2 精益创业和最小可行产品

创业是一个充满不确定性的过程。如果缺乏经验和方法，创业者很容易盲目乐观和自信，规划过多未经证实的、想象中的产品功能，这样不仅容易消耗掉有限的资金、资源和机会成本，也增加了业务运营的复杂性，导致创业失败。

精益创业[7]是管理和利用不确定性的创业方法论。它以“学习”，也就是“经证实的认知”为核心理念，让创业者在早期阶段用较小的成本验证业务假设，持续迭代和优化产品，从而提高业务的成功率。

本节我们先介绍精益创业、最小可行产品（Mininum Viable Product，MVP）的概念，然后基于精益创业的思想，制订共享出行产品的业务路线图。

2.2.1 精益创业为什么重要

创立一个业务和开发一个产品并不是一回事。在厘清业务目标之前，千万不要着急梳理需求和编写代码。创业者应该是目标驱动的，“谋定而后动”是非常重要的策略。在真正开始动手之前，让我们先试着回答如下的问题。

- 谁将使用我们的产品和服务？
- 他们需要解决什么问题？
- 为什么我们的产品和服务能解决这个问题？

或许，你会说：“这些问题的答案不是很明显吗？如果这些问题都回答不了，为什么要创立这个业务呢？”从大的方向上看确实如此，但是也可以反过来思考另外一个问题：如果答案如此一目了然，为什么其他人没有开始做呢？或者开始做，也没有做好呢？

这就是商业模式创新的困难之处，有时一件事看起来非常简单，然而一旦开始，就会发现它充满了复杂性。这就陷入一个两难的境地：如果不开始，就不会知道细节；如果贸然开始，投入了许多资源，很可能会发现走错了方向。

2.2.2 成功的核心是快速学习

精益创业理论清晰地看到了创业过程中的不确定性。在传统的创业思维中，“想法”很宝贵，要对“想法”严格保密，直到把产品构建出来推向市场。只要有了产品，用户就一定会愿意为产品买单。

但是，真正有过创业经验的人会明白这种期望“一炮打响”的做法，很多时候不会成功。市场、用户和竞争这些彼此相关的因素，构成了一个非常复杂的系统。在绝大多数情况下，看起来很简单的问题，背后可能有无数的细节甚至是意外。其中任何一点，都可能导致商业模式的失败。

精益创业认为，初始的创意固然重要，但是真正可运行的商业模式充满了细节，需要通过快速学习，建立对业务的深度认知。精益创业理论建立了一个全新的创新哲学：

> 创业是一个学习的过程而不是构建的过程。

2.2.3 开发–测量–认知

精益创业通过“开发–测量–认知”循环来实现创业过程中的认知升级，如图 2.1 所示。

(1) **开发**一个最小可行产品。
(2) 将它推向市场，**测量**市场的反应。
(3) 根据这些数据提升**认知**，学习并确定下一步的行动。

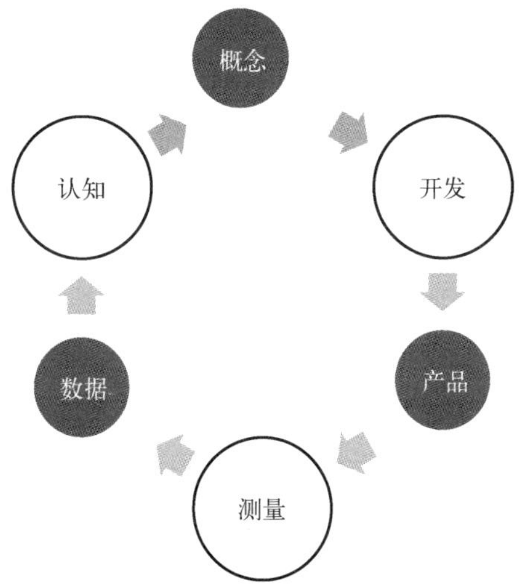

图 2.1 “开发–测量–认知”循环

在“开发–测量–认知”循环中，每次循环都是一个从概念到市场检验的完整过程。也就是说，基于完全真实的市场反馈进行学习，从而不断完善认知。

循环越快，学习速度也就越快。为了加快“开发–测量–认知”循环的速度，精益创业理论认为：每个迭代都应该是一个最小可行产品。

2.2.4 最小可行产品

最小可行产品让我们能够以最小的资源投入，快速验证关键的商业假设，它具有如下关键特征。

- **仅包含必需的功能**：为了节约开发时间，尽早进入市场，最小可行产品仅包含验证核心假设所必需的功能，避免资源浪费。
- **足以验证一个商业假设**：最小可行产品可以不完善，但是它必须完整，足以验证某个假设。
- **只验证一个商业假设**：为了确保清晰和明确的反馈，应该在每次迭代中只验证一个关键的商业假设。如果一次验证多个假设，难以准确解读结果，确定下一步的行动。
- **可衡量**：最小可行产品应该与明确的指标和目标相结合，以便测量产品在市场上的表现。这些指标可以帮助我们理解用户的行为，并据此进行调整。
- **可演进**：好的最小可行产品设计应当便于修改和调整，这样在收到市场反馈后，可以快速响应，低成本地演进。
- **以快速学习为目的**：最小可行产品的目标不是盈利或者获取大量用户，而是为了通过“开发-测量-认知”循环，快速建立业务认知，更好地了解市场、用户和产品的潜在价值。规模化和盈利当然是重要的，但是那是在商业模式已经得到验证，产品已经有足够吸引力的前提下。在商业模式不确定，产品没有吸引力的情况下，规模化不但不能带来成功，还会成为创业者的“灾难”。

2.3 共享出行的业务规划

我们已经对精益创业有了基本了解，接下来一起探讨如何将精益创业理论应用于共享出行产品的设计中。共享出行业务看似简单，实际上它涉及许多具体细节。

- 共享出行有多种业务形态，例如无车共乘、顺风车、共享巴士等。万事开头难，我们选择哪个业务形态开始，才是最有利的？
- 我们真正了解用户的需求吗？用户是希望节省更多费用，还是追求更加便捷的服务？这些需求细节是和业务策略息息相关的。如果用户希望节省费用，那么共乘时最好能拼载更多乘客。如果追求便捷，那么每次拼车匹配到两名用户的行程，就应该立即出发。

应该如何设计我们的第一个最小可行产品呢?

1. 特定场景下的无车共乘

经过深入思考,我们决定将"特定场景下的无车共乘"作为首个业务进行迭代。其中,"特定场景"指的是春节后的车站和机场。这一决策是基于对运营时机、技术和产品能力的综合考量,具体原因如下。

- 共享出行这个商业模式要求初期能够吸引物理位置集中的用户群。车站和机场场景符合这一要求,且推广成本较低。
- 这是一个刚需场景,用户的接受意愿较强。
- 无车共乘仅需要乘客参与,不需要司机参与,运营模式和开发都相对简单。
- 预期我们的产品将在春节前后投入运营,时间点契合,具备可行性。

业务场景

在上海,春节过后火车站的人流量急剧增加,打出租车成了一项困难的任务,尤其在地铁停运后的夜间更是如此。火车站外排队的乘客队伍如一条长龙,一眼望不到头。然而,许多乘客都是一人乘车,如果恰好能有顺路的其他乘客一起,那么既能减少排队时间,提升载客效率,还能节省一部分的费用。

2. 仅开发有限的、最少的功能

我们把第一个迭代的范围定义如下:

> 用户说清起始地和目的地,以及大致的出发时间,平台撮合多个乘客,共同乘坐一辆出租车。

本次迭代我们不准备支持线上支付。作为替代方案,我们会在拼车成功后,给出每个用户的结算比例,由用户自行在线下完成结算。这并不是因为支付不重要,而是它和我们当前阶段要解决的问题、要验证的概念等关联度较小。同时,它也减少了初始迭代的业务复杂性和技术复杂性。

3. 需要做到真正的业务运营

上述场景虽然有许多约束,但已经是一个真实可运营的业务。通过这样的业务运营，可以逐步深化业务认知，同时还可以建立起初步的技术框架和能力。

我们计划在首个业务迭代的运营阶段，持续跟踪如下业务指标，以支持我们构建“开发–测量–认知”循环。

(1) 用户注册率：实际注册用户数和触达用户数之比。
(2) 用户激活率：实际使用过拼车的用户数和所有注册用户数之比。
(3) 拼车成功率：拼车成功的单数和用户发布的拼车单数之比。

通过跟踪这些业务指标，可以让我们对用户偏好、业务运营的细节（例如导致拼车不成功的原因等）有更深了解，助力后续的业务持续发展。

4. 利用初始迭代构建技术框架

构建一个完整的共享出行平台涉及大量技术细节。比如最基础的技术栈如何选择，用户权限管理、系统部署、持续集成与发布，以及实时地图服务、支付系统对接，再如大数据分析处理等。

在初始迭代中，我们重点关注两个方面的技术目标：

- 构建基础的技术栈；
- 完成持续集成和持续发布的框架搭建。

其中前者是必需的任务，也是后续工作的前提。后者对于快速的、演进式的设计至关重要。

我们并不奢望在一开始就完整地解决所有技术问题，更不希望因为技术问题影响业务迭代速度。例如，我们并没有准备在初始迭代中与支付系统对接、进行数据分析、使用实时地图服务。其中，支付问题我们已经从业务上暂时排除了。数据分析可以采取最简单的方案，例如使用 Excel 表格进行数据分析，在前期数据量不大的情况下，这是完全可以接受的。实时地图服务虽然可以大幅提升用户体验，但是考虑到第三方对接的复杂性，也可以暂缓。

5. 通过技术卓越支持业务演进

特定场景的无车共乘业务只是第一步。如果这个业务模式能够取得成功，我们就能获得第一批宝贵的种子用户，并逐步扩展到包含司机的顺风车业务，甚至未来可能引入共享巴士。

同时，我们还需要关注一个问题：一旦获得了第一批用户，如何维持他们的活跃度就很重要了。如果在建立起基本的用户群之后，业务仍然局限于车站和机场的场景，用户的关注度和活跃度会迅速下降。因此，能否迅速拓展新的业务场景，是一个关键挑战。

通过建立坚实的技术基础，实现业务快速演进，是本书希望重点传达的理念。除了前面提到的基础技术栈和持续交付技术体系之外，你将在后续章节看到各种为演进式设计所做的努力，包括需求规划、领域模型、自动化测试、接口和抽象、职责分解等。本书的第 9 章通过案例分析，进一步展示了坚实的技术基础是如何高效支撑业务演进的。

2.4 业务流程分析

一旦确定了业务目标，接下来就需要明确如何实现这个业务目标，考虑业务流程如何组织，用户如何参与。本节介绍业务流程的概念、表达和分析方法。

2.4.1 业务流程

业务流程是多个参与方为实现特定目标而执行的一系列相关活动或任务的集合。例如，在共享出行案例中，用户需要注册并发布出行计划，系统负责撮合并通知用户撮合成功，用户完成会合、出行，并完成支付等步骤。

好的业务流程是精心设计的结果，而不是简单地复刻用户的需求陈述。即使是目标完全一样的业务，面对不同的业务环境，所采取的商业策略和具体流程设计也不会完全相同。例如，在电商业务中，退款流程就可以有多种做法，有些时候，为了维护商家的利益，我们会要求退货完成后才可以退款。但是在另外一些场景中，如果我们首先要维护用户的利益，或者用户本身已经有了很高的信用度，那完全可以预先退款，以优化用户体验。

在分析业务流程时，还应考虑分支或例外场景。以共享出行为例，除了正常的发布计划、出行、支付，还应考虑用户临时取消计划等例外情况。如果对例外情况考虑不足，即使正向流程做得再好，用户也不会满意，业务也不会成功。

2.4.2 业务流程的表达

下面首先介绍业务流程的表示法。

1. 表示法

UML（统一建模语言）是业务流程的规范表达形式。图 2.2 是使用 UML 活动图表达的共享出行业务流程。

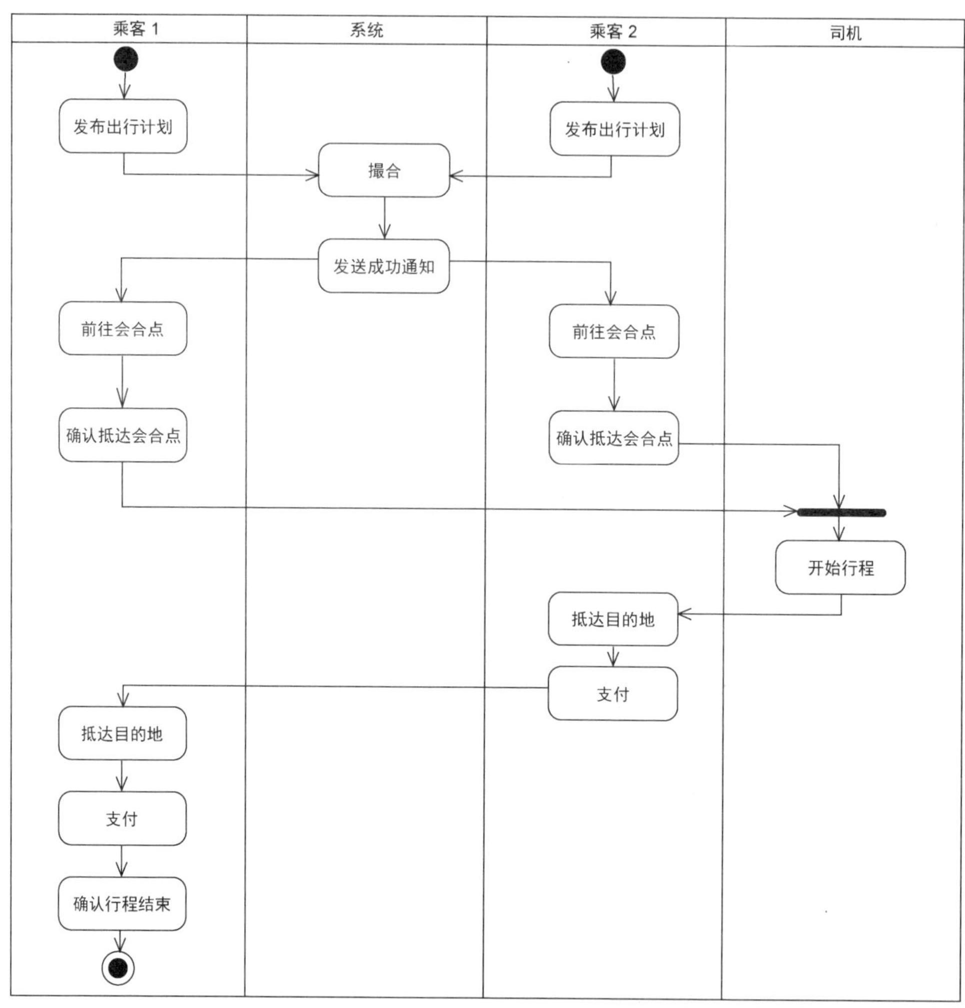

图 2.2 共享出行业务流程示例

在图 2.2 中，圆角矩形框代表业务流程中的活动，箭头代表活动间的流转。共有 4 个参与方（乘客 1、乘客 2、系统和司机），各自占据一个泳道，以表达是谁在执行哪个活动。

2. 刻意地忽略

简洁起见，图 2.2 中没有表达“取消出行计划”等业务场景。在某些情况下，为了聚焦于核心问题、提高核心信息的传递效率，我们会暂时忽略某些细节或业务场景，当需要时，再创建专门的视图表达特定场景。这种分层和多角度的表达方法，可以使 UML 图更加有序，确保分析者自己和目标受众都可以聚焦于核心问题，关注核心信息。

2.4.3 事件驱动的业务流程分析

图 2.2 展示了共享出行的业务流程。这个流程是如何设计出来的？它的设计是否合理？是否存在被遗漏的例外场景？现在，我们就来介绍一种非常有效的业务流程分析方法：事件驱动的业务流程分析[2]（Event Driven Business-flow Analysis，下称 EDBA）。

与传统以“活动”为起点的分析方法不同，EDBA 把“业务事件”作为流程分析的起点。我们先识别关键的业务事件，然后再去思考是“谁”做了“什么活动”产生了对应的业务事件，在此基础上完成业务流程分析。

> 业务事件指的是应该被关心的、具有业务价值的事件。

例如，“抵达目的地”是共享出行业务中的一个关键业务事件，这是用户通过共享出行业务所期望达成的最终结果。为了实现这一结果，“运送乘客”是所需要采取的手段。显然，与业务活动相比，业务事件更明确。

EDBA 的执行步骤可以使用“事件优先-由后往前-关注例外-整理推演”的 16 字口诀来概括。

- **事件优先**：首先确定代表业务结果的事件（它是最重要、最具确定性的业务事件）。用报事贴把它贴在工作区的最末端。
- **由后往前**：从当前事件反向推导。为了让这个事件发生，哪件事必须先发生？把找到的新事件贴在当前事件的前面。持续进行这一步，逐级向前寻找前序事件，直到找到第一个事件。这样，完整的业务事件流转过程就清晰呈现在我们眼前了。

- **关注例外：**逐一检查业务流程中的事件跳转环节，确定是否存在可能导致业务流程中断的异常分支，并记录下这些异常分支。识别异常分支是业务流程设计中非常重要的环节，因为任何一个异常分支都可能影响最终的业务目标实现。
- **整理推演：**整理业务流程。思考是“谁”做了“什么活动”产生的这个业务事件。从业务事件逆向推导出活动，就得到了最终的业务流程设计。

2.5 共享出行的业务流程分析

现在，让我们以“特定场景下的无车共乘”作为我们分析的目标，通过 EDBA 方法，规划业务流程，识别系统需求。

2.5.1 写下终态业务事件

我们把对乘客最有意义的“抵达目的地”作为最终业务事件，如图 2.3 所示。

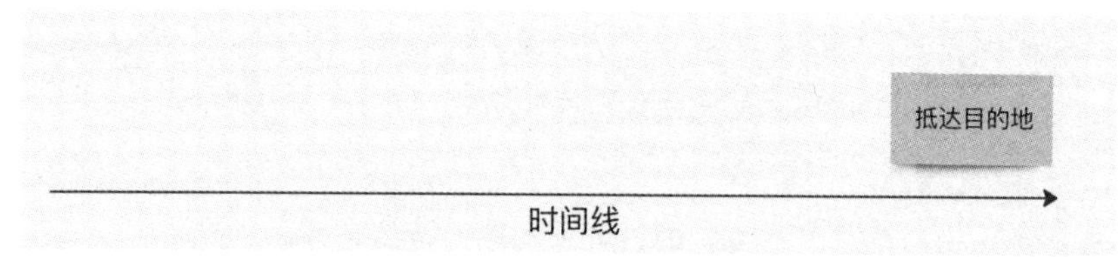

图 2.3 列出最终业务事件

辨析：只有一个“最终业务事件”吗？

如果读者足够敏感，可能会注意到一个问题：对于乘客来说，抵达目的地确实是核心目标，将其定为“最终业务事件”并无不妥。然而，对于司机来说，更关键的是“结算完成”。从平台运营的角度看，我们或许还希望将“用户评价完成”作为最终事件。那么，究竟哪个才是真正的“最终业务事件”呢？

回答这个问题的关键在于：在当前的业务运营中，我们的重点是什么？如果当前的重点是确保用户能够顺利抵达目的地，那么以“抵达目的地”作为最终事件是合理的。如果我们的目标是提升用户满意度，那么“用户评价完成”就必须纳入考虑。

或许有读者会说：“每个目标都很重要”。请读者回忆最小可行产品的基本原则：始终保持聚焦，把宏大的业务拆分为小步快跑的迭代，快速学习、快速交付。

当然，如果你确实希望在开始阶段进行更全面的分析，以获得对业务的全面理解，建立更多信心，EDBA 方法也不会阻止你这样做。这时，你可以并行列出多个“最终业务事件”，形成更完整的工作流，然后在实践中持续优化。

2.5.2　由后到前列出所有关键的业务事件

在列出“最终业务事件”后，让我们从这个事件开始，逐步向前回溯业务事件。以“抵达目的地”为例：

问：如果乘客已抵达目的地，什么事件必须在抵达之前发生？

答：哦，应该是“全部乘客已上车”。把它写下来。

问：在“全部乘客已上车”之前，什么事件必须首先发生？

答：应该是“全部乘客已会合”。

……

持续进行上述推演，直至回溯到整个业务流程的源头，我们就列出了所有的重要事件。完整的事件流如图 2.4 所示。

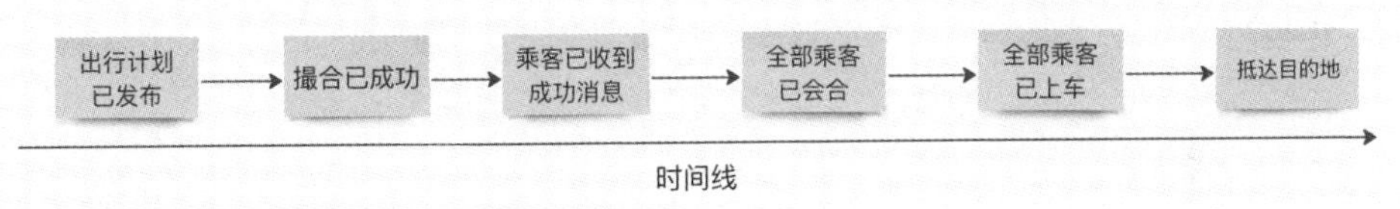

图 2.4　由后到前列出所有关键的业务事件

2.5.3　分析异常情况

仍然以“抵达目的地”为例。让我们思考：

“会不会发生什么情况，虽然全部乘客已经上车了，但是无法抵达目的地？”

这是个有启发性的问题。一旦我们开始这样询问，就会产生发散性思维，继而发现很多异常场景，例如：

- 司机不认路；

- 车辆故障；
- 用户临时更改目的地；

……

先不去质疑这些想法是否合理，我们的策略是首先做到广度优先，形成全面认识，然后再去排除、排序、抽象。把它们放置在时间线的合适位置，如图 2.5 所示。

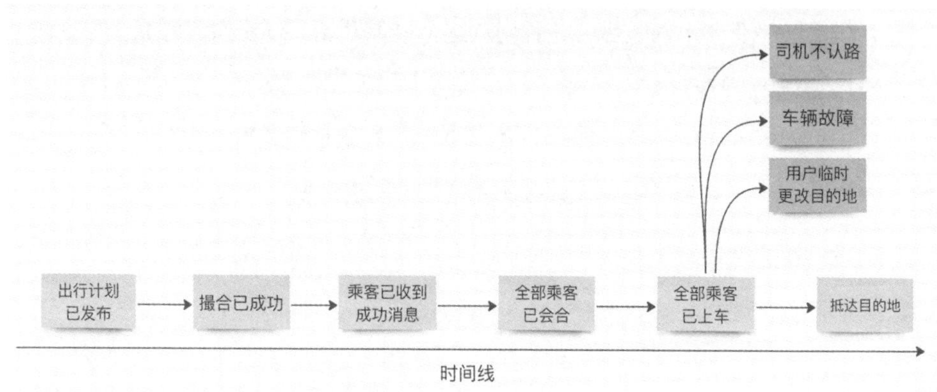

图 2.5 分析业务流程中的异常场景

继续用同样的方法，逐步向前推进。

- 有没有什么情况会导致虽然全部乘客已会合，但是不能上车？
- 有没有什么情况会导致虽然撮合已成功，但是乘客无法会合？

……

在分析完所有的阶段之后，或许你会感到惊讶："一个看起来并不复杂的业务流，居然有如此多的意外场景"。例如：

- 乘客会合了，但是打不到车；
- 系统撮合成功了，但是其中一个乘客迟到了；
- 系统撮合成功了，但是乘客找不到上车地点；
- 系统撮合成功了，但是乘客没有及时查看应用通知，不知道撮合成功了；
- 系统撮合成功了，但是有乘客等不及了，已经先行出发；

……

图 2.6 是一个可能的分析结果。

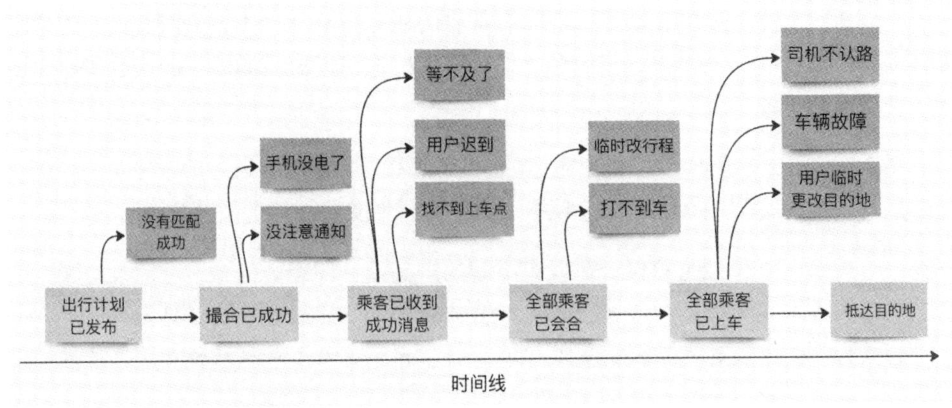

图 2.6　业务流异常场景分析的结果

2.5.4　定义执行者和动作

有了业务事件分析的基础，业务流程的设计就变得比较容易了。现在我们需要进一步识别：

是谁（或者什么系统），做了什么，进而让这样的业务事件发生？

其中，"谁"就是业务活动的"执行者"，"做什么"就是业务活动的"动作"。例如，对于"出行计划已发布"这样一个业务事件，我们可能对应到"乘客"这个执行者和"发布出行计划"这个动作。把它们写下来，放置到"出行计划已发布"事件上。最终的结果如图 2.7 所示。

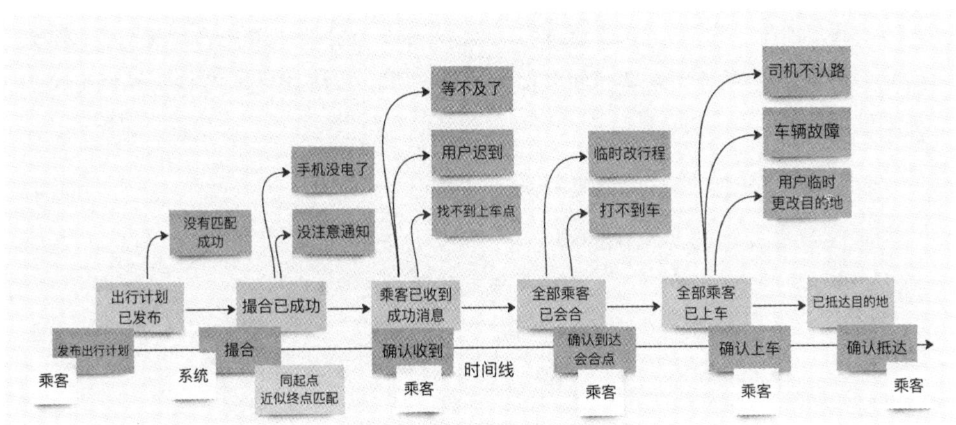

图 2.7　补充执行者和动作

在分析过程中，如果在动作上还附有重要的业务策略和规则，也需要把它记录下来，例如在撮合这个动作中，我们会考虑“同起始地、近似目的地”的匹配策略，或者“沿途匹配策略”。

图 2.7 和图 2.2 本质上是相同的。在获得了图 2.7 的分析结果之后，可以进一步整理，把它转换为类似图 2.2 的表达形式，形成更利于阅读的业务流程文档。

> **对于同一个业务事件，可以有不同的产品设计逻辑。**例如，对“乘车人已抵达乘车点”这样的事件，可能对应“乘车人”点击“我已抵达乘车点”的动作，也可能对应“系统通过 GPS 定位，判定乘车人已抵达乘车点”这样的业务策略。
>
> 同一个业务事件，可以有不同的产品设计逻辑。这是一个非常重要的视角，可以帮助我们在系统功能设计阶段做出各种取舍和优先级安排，从而可以渐进地优化系统。例如，我们可以在当前迭代中，先选择成本较低、实现较快的方案，然后在后续迭代中，把它逐步完善为更优的方案。

读者或许已经注意到，在 EDBA 的讨论阶段，我们没有采用 UML，而是采取了“白板+贴纸”的形式。这是一种实用的技巧。由于 EDBA 方法是一种业务流程探索方法，在探索活动中，非正式的、集体的推演，效果会优于正式的文档和个人单独推演。

在本章的最后，我们给读者留一个思考题。

需要一直追溯到登录吗？

在图 2.4 中，“出行计划已发布”肯定还有一个前提“用户已注册”。在本节的分析活动中，需要一直追溯到最源头的事件吗？请读者给出你的理解和建议。

提示：

注重实效和刻意忽略是问题分析过程中的常用技巧。

- 注重实效指的是在分析问题时，要始终把是否有利于当前问题的定义和解决作为重要关注点，而不是唯理论方法是从。
- 刻意忽略指的是在分析过程中，有意识地排除那些当前阶段不重要的因素，从而减少干扰。

第 3 章

分析系统需求，澄清需求细节

软件开发活动从高质量的需求开始。需求分析并不是简单地将业务方或客户的要求转化为需求文档。它是一个充满不确定性的过程，需要高效的探索方法，以便从众多可能的方案中选择最合适的产品解决方案。本章我们将融合大模型的能力和精益需求分析方法，规划和管理共享出行产品的需求，并澄清待开发需求的细节。

3.1 需求分析活动概览

需求分析承接了业务分析的结果，为实现高质量的软件做好准备。图 3.1 展示了需求分析阶段的主要活动及制品，以及大模型对需求分析阶段不同活动的支持情况。

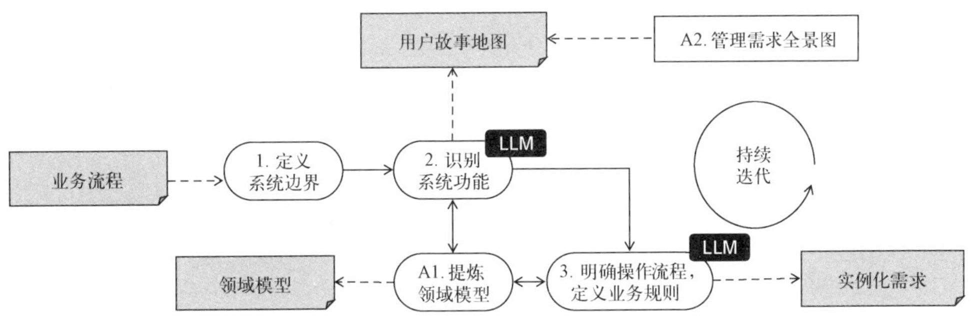

图 3.1　需求分析阶段的主要活动及制品

图 3.1 中有 3 个主干活动和 2 个重要的附属活动。

1. 定义系统边界

业务流程描述了现实世界的业务如何发生，但是软件不一定会参与每个环节，有些业务环节是在线下完成的，还有一些是通过外部系统实现。例如，在共享出行的初始版本中，我们仅支持发布出行计划、撮合等几个有限的活动。打车是用户在线下完成的，支付活动也不在系统边界之内。定义系统边界的重要性在于：

> 通过系统边界，明确划定哪些业务活动是通过软件支持的，哪些业务活动在软件系统的边界之外。

一旦定义了系统边界，我们就可以聚焦系统需要完成的任务，并且知道如何把软件系统集成到完整的业务流程中。

2. 识别系统功能

在明确了系统边界之后，系统功能也就呼之欲出了。观察上一章的图 2.7，凡是属于系统边界内的执行者和动作，都对应着一个功能，例如：

- 发布出行计划
- 撮合
- 确认收到
- 确认到达会合点

……

我们还可以利用 UML 图，来表达用户与系统之间的交互，如图 3.2 所示。

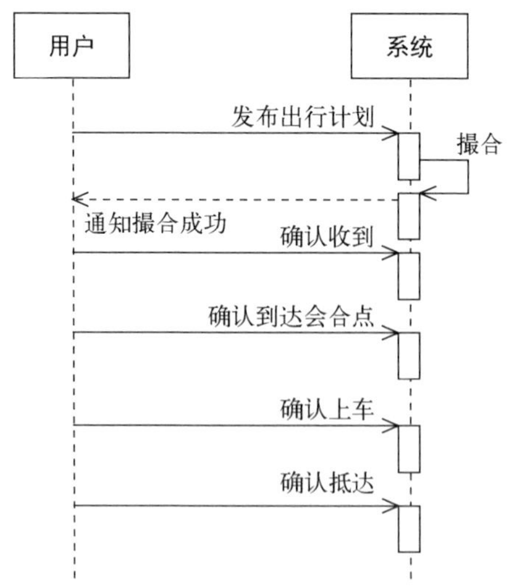

图 3.2 用户和系统交互的顺序图

在这样的交互图中，每一个指向系统的箭头，都对应着一个功能。

3. 明确操作流程，定义业务规则

当识别了系统功能之后，就需要考虑每个功能的细节了，例如输入、输出、步骤、异常等各种情况。

需求细节非常复杂，仅仅通过文字表述并不可靠。一是自然语言容易有歧义，二是文档容易过时，三是有些需求细节没有被明确说明。在实践中，实例化需求[12]是一种更常用的需求澄清和沟通方法。读者可以在 3.5 节看到实例化需求方法在共享出行案例中的应用。

4. 提炼领域模型

从表面上看，系统功能是通过需求或用例表达，但是在需求分析的底层，领域模型（或者业务概念）扮演着关键的角色。我们已经在图 1.6 中见到过领域模型的示例。清晰的领域模型能够减少沟通过程中的误解，还可以帮助我们识别业务中稳定的概念，保障演进式开发顺畅进行，让业务资产得以持续积累。

5. 管理需求全景图

需求分析并不是一次性完成的，它在产品的整个生命周期内持续迭代、持续演进。如何管理需求间的依赖关系、不同迭代的需求间的先后关系，以及在恰当的时刻细化需求，是演进式开发中的一个重要问题。我们将在 3.3 节讲述用户故事地图的概念和应用。

在图 3.1 中，还有一个“持续迭代”。迭代是敏捷开发方法的核心概念，也是演进式设计可以顺利实施的基础。

首先，迭代带来了真实的反馈，与认知的渐进性契合。通过将项目分解为较短的迭代周期，我们能够用较低的成本，在短时间内完成具有业务价值的一小部分功能。然后把它投入业务活动中，通过真实业务的反馈，及时调整方向，从而让产品开发人员的认知始终与用户的期望保持一致。

其次，迭代带来了渐进式价值交付。由于每个迭代都可以产生一个潜在的可交付增量，而不是只在最后交付，就会让产品在整个开发周期中持续进展，为业务和客户创造持续的价值。

迭代开发对需求管理有一些关键的要求和管理假设，要点如下。

- 演进式管理需求。结合当前进展、业务上下文变化和认知升级，定期或不定期更新需求列表（如用户故事地图）中的内容，把即将开发的需求进一步细化和拆分，更新开发的迭代计划等。
- 精心选择和细化待开发的需求。对于即将开发的需求，必须确保其粒度较小且具备明确的业务价值。这样的要求有助于实现渐进式价值交付。例如，在共享出行案例中，我们首先实现的是“特定场景下的无车共乘”，这是一个完整、小规模且具有明确业务价值的用户故事。

3.2 大模型如何支持需求分析

需求分析是一项充满创造性的活动，它需要密切结合业务目标和特定上下文，为用户提供有吸引力的解决方案。虽然人类是需求分析活动的主体，但是灵活运用大模型，可以提升需求分析活动的效率，而且大模型能够与人类工程师进行讨论，评审需求，提出有价值的建议。此外，它不知疲倦、输出稳定、成本极低，是我们工作的好帮手。

1. 讨论需求细节，消除模糊性

在需求分析场景中，我们可以通过和大模型对话，发现需求中遗漏的细节和模糊的表达等。下面是需求评审活动中的一个实际对话。

提示

我正在进行需求分析。我希望你作为需求评审专家，帮助我进行审核。请问下面的需求有哪些地方比较模糊，需要进一步澄清？这个需求是：<发布出行计划用例的内容，此处略>

LLM

首先，这个需求描述是相对清晰的，但仍存在一些模糊的地方，需要进一步澄清。以下是我认为需要进一步明确的部分：

1. 用户的个人信息

除了手机号，还有哪些信息被视为“已经完善”？是否有其他关键信息必须完善？

2. 起始地和目的地

这里应当明确起始地、目的地的格式或输入规范。例如，是选择城市、详细地址还是坐标？

3. 出发时间

时间的精度如何设置？是到日期、小时还是分钟？是否需要考虑时区？

4. 系统默认乘车人数为 1

如果用户更改乘车人数，是否存在上限和下限？

5. 未完成的出行计划的定义

“未完成的出行计划”这个概念需要进一步定义。例如，是说用户创建但未发布的计划？还是已发布但尚未开始的计划？

6. 初始迭代中的定义

文中多次提到“初始迭代”，但迭代的定义和范围是什么？后续迭代中，规则会如何改变？

7. 出行计划状态

除了“等待撮合”，出行计划是否有其他状态？状态之间的转换是如何进行的？

8. 发布成功的标准

用户如何知道出行计划已成功发布？是否有提示信息或其他反馈机制？

考虑上述模糊之处，并与需求提出者或相关团队成员进行沟通，可以帮助需求更加清晰和完整。

2. 输出规范的需求文档

为了后续开发活动的顺利进行，我们需要规范、准确地表达需求分析的结果。利用大模型，可以高效输出高质量的需求文档，下面是一个例子。

提示

我正在开发一个共享出行的应用。其中有一个用例是：用户发布出行计划。出行计划包括起始地、目的地、出发时间等。请你根据用例的一般格式，撰写一个符合要求的用例。

LLM

当然可以。根据您的需求，我将为“用户发布出行计划”编写一个概要。这个用例将涵盖上述所有要素。

用例名称：用户发布出行计划

执行者

用户（系统的注册成员，寻求共享出行服务）

场景

用户登录共享出行应用
选择发布出行计划的选项
输入出行计划的详细信息，包括起始地、目的地、出发时间
系统验证输入的信息
用户提交出行计划
系统记录并发布出行计划，供其他用户浏览
用户收到出行计划发布成功的确认

前置条件

用户已注册并能成功登录共享出行应用
系统正常运行，能接受并处理出行计划

后置条件

出行计划成功发布在系统上，并对所有用户可见
用户的账户显示最新发布的出行计划

扩展

用户选择保存出行计划为草稿，稍后再发布
用户设定出行计划为私密，仅对特定用户组可见

例外

用户未登录：系统提示用户登录
输入的信息不完整或格式错误：系统提示用户更正信息
系统无法处理请求（例如服务器故障）：系统显示错误信息，并建议用户稍后再试

我们看到，大模型全面掌握了需求分析的基本要素，它给出的规范化文档有助于提升需求分析结果的准确性。在 3.5 节，我们还会介绍实例化形式的需求分析结果。

3.3 管理需求全景图

本节介绍利用用户故事地图管理需求全景图的方法。

用户故事地图[13]是 Jeff Patton 提出的一种需求探索、管理和规划方法。它结合了用例管理的分层结构和用户故事易于沟通的特点，以可视化的形式展示需求全景，表达需求之间的依赖、需求的渐进分解和需求交付规划。使用用户故事地图，团队可以建立关于产品愿景、目标、需求细节和交付优先级的共识，更好地理解和规划产品，提高产品的交付效率和质量。

图 3.3 是一个经过简化的用户故事地图。

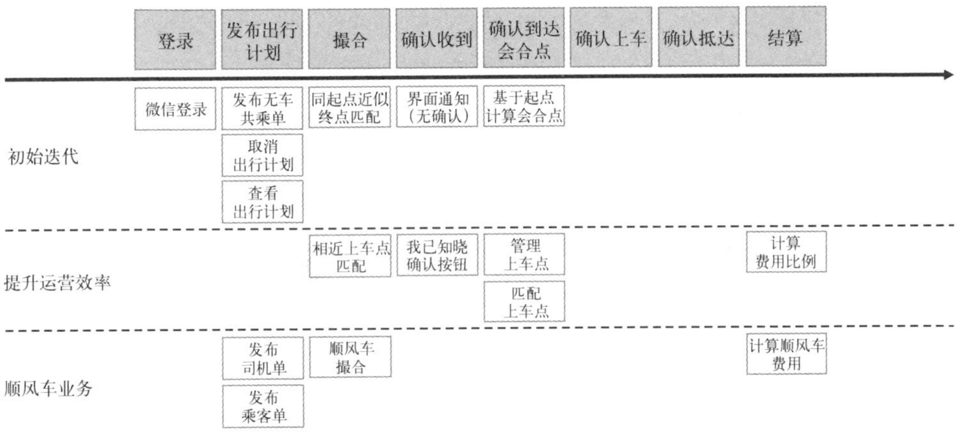

图 3.3 共享出行的用户故事地图（初始版本）

我们省略了“角色”（即业务活动的参与方），并且仅包含一层“活动”（粗线箭头上方的卡片）。这是因为用户故事地图是作为一个独立的方法论被发展出来的，它包含了完整的业务探索过程，在本书中，我们采用 EDBA 方法进行业务探索，仅使用用户故事地图的结构化能力。基于这个目标，我们从图 2.7 中提取“动作”，形成了用户故事地图的主干，并在首尾分别加上了登录和结算。

图 3.3 的左侧代表版本规划，它表述了各版本的目标和所包含的开发需求。版本规划需要遵循价值优先的原则，还需要考虑到需求之间的依赖关系，确保每个版本交

付的所有需求的组合明确体现业务目标。

在初始迭代中，我们定义了微信登录、发布无车共乘单、同起点近似终点匹配等开发需求。这是进一步拆分主干用户故事的结果。为了确保功能完整，还纳入了辅助性开发需求，如取消出行计划和查看出行计划。这些需求共同构成了产品的初始迭代内容。虽然初始迭代的功能远远说不上完美，但已相当完整，能够支持初步的业务运营。

用户故事地图的二维结构非常有利于表达需求之间的依赖关系。例如，用户发布出行计划之前必须先登录，否则无法识别用户身份。撮合必然需要系统支持发布出行计划。如果只能发布，无法取消和查看出行计划，功能也不够完整。因此，微信登录、填写地址点击发布、同起点近似终点匹配、取消出行计划和查看出行计划等功能需要同时交付才有价值。

用户故事地图的二维结构也有利于我们逐步细化和拆分需求。仅仅支持同起点近似终点匹配显然是不够的，如果能支持相近上车点匹配，就可以带来更好的业务运营效率和用户体验。所以，我们可以利用用户故事地图来管理需求的逐步细化。

进一步观察图 3.3，会发现初始迭代的功能规划得较为详尽，之后的功能规划较为粗略。例如，图中的顺风车撮合，在未来就很可能会被拆分为更细粒度的用户故事。这是演进式设计中一种常用的手段，过早展开无开发计划的需求会延长需求分析周期，浪费开发时间。这也是精益思想[14]中即时生产（JIT）的体现，即尽量将决策延迟到最后时刻。

3.4 在需求分析过程中沉淀领域模型

领域模型的发现和沉淀与需求分析紧密相关。图 3.4 给出了领域模型和业务场景之间的关系。发现和沉淀领域模型，需要我们关注业务场景、需求描述、用例以及业务规则中的关键概念，并及时对它们进行澄清、归纳、分解和抽象，这样高质量的领域模型将自然而然地浮现出来。

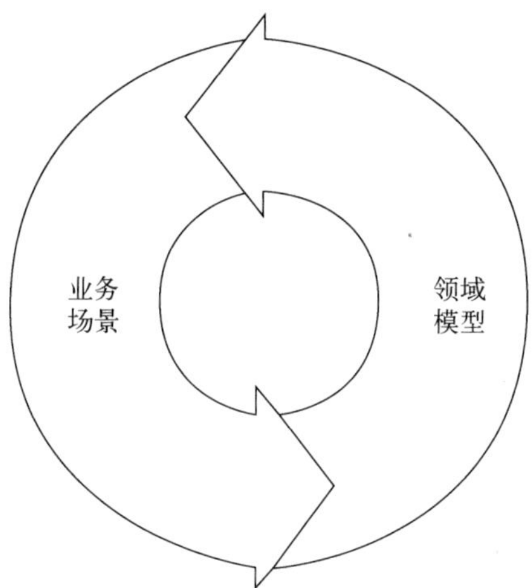

图 3.4 领域模型和业务场景互相促进

3.4.1 探索和发现领域模型

下面展示一边分析需求，一边获得领域模型的过程。我们以“发布出行计划”和“撮合”这两个动作为例。

1. 发布出行计划

我们首先建立“发布出行计划”的需求描述：

> 用户选择起始地、目的地和出发时间，发布行程。

然后把上述需求中的名词提取出来，根据它们之间的关系将其组装，就形成了如图 3.5 所示的领域模型。

图 3.5 初始领域模型

你可能会发现，“行程”被替换为了“出行计划”，这也是构建领域模型时常会出现的情况：提炼更精确的概念，避免歧义。行程很多时候有“规划”的意思，有时候我们也会把实际的路线称为“行程”。因此采用“出行计划”这个定义更好。

除了表达概念，领域模型还描述了概念之间的关系。例如，用户和出行计划之间有连线，代表用户和出行计划之间有关联：用户发布了出行计划。

2. 撮合

接下来增加新的需求，逐步丰富领域模型：

> 系统根据距离最近、等待时间最短的撮合策略进行用户匹配。撮合成功后，向用户发送撮合成功消息。

在这个需求描述中，新出现了撮合策略、撮合成功消息两个名词。我们先把撮合策略这个概念提取出来，并且建立它和出行计划间的关系。虚线箭头是 UML 的依赖符号，代表撮合策略会依赖出行计划。

在需求中，距离最近、等待时间最短是一种撮合策略，以后也许还会有其他策略。所以我们使用带三角的箭头符号，表达距离最近、等待时间最短和撮合策略之间的泛化关系。

更新后的领域模型如图 3.6 所示。

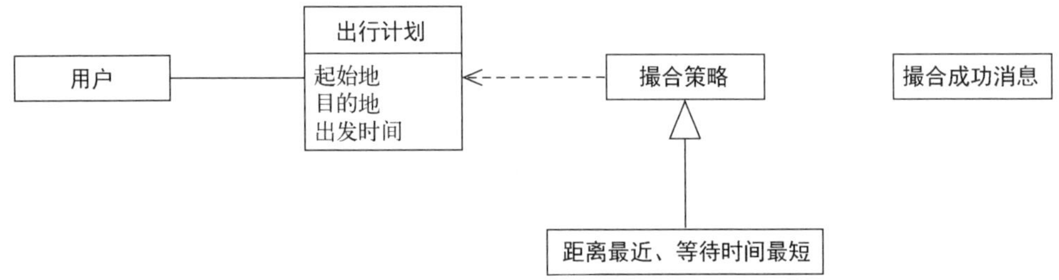

图 3.6 增加撮合策略和成功消息后的领域模型

3. 分析需求细节

仔细观察图 3.6，或许你会发现如下的问题。

- 撮合的结果如何体现呢？
- 撮合成功消息中需要包含什么内容呢？用户除了关心撮合是否成功，还关心其他的信息吗？例如费用是多少，和谁一起出行，对方有几个人。
- 领域模型中的用户是发布人还是乘车人？在代人打车的情况下，二者不是同一人。

这些问题都是非常重要的，下面我们依次澄清。

1. 撮合的结果如何体现?

答：撮合的结果不应该记录在原来的出行计划中。因为一个撮合结果对应多个出行计划，我们需要新增一个概念：共乘。而且，如果出行计划撮合成功，会有一个状态来专门记录它。类似地，共乘也应该有状态。

2. 撮合成功消息中应该包含哪些内容?

答：应该包含费用信息，以及对方的联系信息。此外，如果对方是多人出行，需要在出行计划中预先描述。领域模型中应该补充用户的联系方式（例如电话），出行计划中应该包含乘车人数。

费用是一个重要的问题。在初始迭代中，因为用户起始地相同、目的地相近，所以可以简单采取按人数均分策略。当加入按照距离计算费用的计算方法后，应该在给用户发送消息时告知预估费用以及通过拼车帮用户节省了多少钱。所以，领域模型中应该包含费用策略。这个策略和共乘相关。

3. 代人打车的场景

答：确实存在代人打车的情况，由于“用户”不足以表达两个不同的概念，我们可以考虑新增发布人和乘车人的概念。当然，在绝大多数情况下，发布人就是乘车人，因此我们有一个默认策略：如果不特殊声明，发布人就是乘车人。

根据以上澄清，更新后的领域模型如图 3.7 所示。

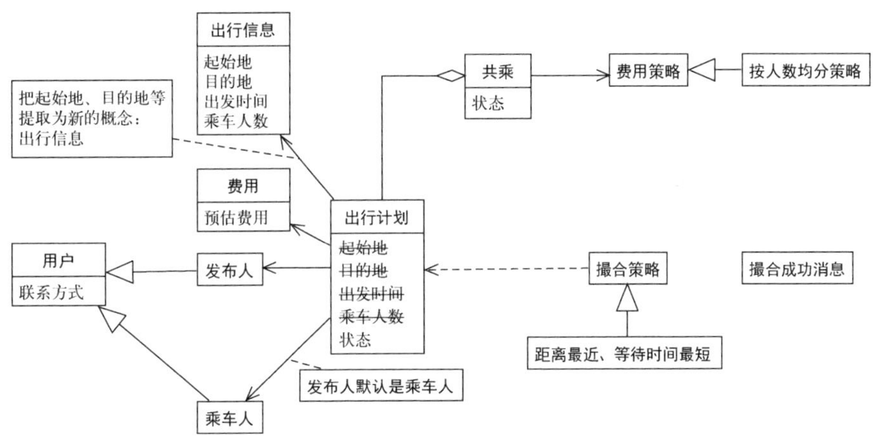

图 3.7 澄清领域模型中的概念

3.4.2 领域模型的价值

领域模型是需求分析阶段的重要输出物，它反映了业务认知，构建了团队成员之间沟通的统一语言，还有助于发现潜在的需求。在开发阶段，领域模型还将成为模块划分和编码实现的基础。

1. 反映业务认知

从认知角度，领域模型的演进体现了对业务认知不断加深的过程。对比从图 3.5 到图 3.7 的变化，我们看到了一个非常明显的演进过程。

- 一些业务概念逐渐精确，例如用户细化为发布人和乘车人。
- 一些业务概念重新分解为更内聚的概念，例如从出行计划中剥离了出行信息。
- 一些业务概念从具体方法中抽象出来，例如费用策略和撮合策略。
- 加入了一些业务细节，例如出行计划增加了状态。

一个包含深度认知的模型，往往揭示了一个领域最恒定、最本质的部分。大家可以提前翻看本书的第 9 章，图 9.5 展示了一个新的业务场景：顺风车业务。演进后的领域模型继承了既有的业务概念，仅仅通过增补一些新概念，就完美表达了顺风车的业务逻辑。用软件开发的术语来说，我们的领域模型是符合“开放-封闭原则”[15]的。可以预见，基于领域模型开发的软件系统，相比于没有明确的领域模型的系统，更易于维护、易于演进。

2. 统一语言

领域模型不仅反映了业务认知，还有助于团队的沟通交流。当业务概念都被呈现在一个领域模型中时，团队对于业务概念更容易达成共识。相应地，如果所有参与方在需求分析过程中，包括在软件开发和测试活动中，都始终使用领域模型中的概念，那么这就是一个非常重要的 DDD 实践：统一语言[4]。

统一语言

将领域模型作为语言的中心，让团队在所有交流活动中、代码中都使用这种语言，在画图、写文档和说话时也采用这种语言。

3. 启发和完善需求

领域模型结构化地呈现了业务领域的关键概念和概念之间的联系。在需求分析过程中，我们可以通过观察领域模型，结构化地思考需求，甚至发现新的业务场景和业务规则。

继续观察图 3.7，出行计划关联到发布人，发布人是一个用户。因此可以想到出行计划需要一个明确的前置条件：

> 当用户发布出行计划时，用户必须已经注册，并且其联系方式已经完善。

此外，考虑到乘车人和发布人可能并不相同，需要增加业务规则：

> 对于乘车人不是发布人的情况，我们在初始迭代中不特殊考虑，直接认为发布人就是乘车人。

继续观察领域模型，会发现发布人和出行信息之间有一个关联，于是需要考虑：允许一个发布人同时发布多条出行信息吗？显然在初始迭代中我们不想处理这种情况。所以我们给出明确的规则：

> 如果发布人已经有一条尚未完成的出行计划，则不允许新发布出行计划。

3.5 需求澄清和实例化

在上一节中，我们讨论的需求仍然是粗略的。为了顺畅地进入开发阶段，我们还需要进一步澄清需求。

3.5.1 围绕业务目标，澄清需求细节

一个需求往往包含许多细节，而且这些细节有不同的实现方案。以撮合出行计划为例：

> 初始迭代的目标是仅支持同起始地、相近目的地的匹配。为什么是同起始地、相近目的地而不是相近起始地、相近目的地？要不要支持途径点匹配呢？用户的出发时间是自由设定吗，是否允许浮动？是撮合到两个出行计划就可以形成共乘，还是在一次共乘中撮合尽量多的出行计划？

如果不考虑目标和约束，这些问题的答案并不唯一。合理的决策，其根本考量在于是否契合当前阶段的业务目标。根据第 2 章的分析结果，共享出行在初始迭代中的业务目标是：

> 验证共享出行对用户的吸引力，以及是否最终解决用户的问题。

基于此，我们给出上面 4 个问题的回答。

- **相较于起始地，对目的地的要求相对宽松。**我们首个业务场景发生在火车站或机场，起始地非常有限。相近目的地可以提升拼车成功率且对用户体验影响较小。
- **在初始阶段，我们不会为了提升拼车成功率实现途经点的拼车。**初始业务场景中暂时没有这个需要。在业务上，途经点拼车是需要和司机端协同的，所以它至少是顺风车业务之后才需要的功能。我们把这部分功能留给以后的演进。
- **出发时间的匹配策略是固定时间段的匹配，不支持上下浮动。**原因是：使用固定时间段（例如以半小时为单位）易于理解，技术实现也更简单。但是，我们会在以后有了更多运营经验时，考虑其他匹配方式。
- **在撮合过程中，仅需匹配两个出行计划。**这个问题的答案并不是一目了然的，它涉及拼车效率、费用等多种因素。经过深思熟虑，目前最合适的解决方案是仅匹配两个出行计划。这样的拼车效率最高，有利于提升用户体验。

3.5.2 业务规则描述

类似“仅支持以半小时为单位的固定时间段匹配”“仅匹配两个出行计划形成一次共乘”这样的特定的规则或约束，统称为业务规则。大模型可以在细化业务规则方面提供较大帮助。

提示

我正在开发一个共享出行的业务。在本业务中，用户会提交自己的“出行计划”，系统会基于出行计划的匹配程度进行匹配，并创建“共乘”。其中，出行计划包括“起始地、目的地、出发时间、出行人数和状态（待撮合、已加入、已取消等。仅状态为‘待撮合’的出行计划可进行匹配）”，“共乘”则包括已经匹配的“出行计划”列表。我想到了一些策略：

1. 优先匹配已经存在的“共乘”，当已经存在的共乘不存在时，再匹配出行计划形成新的“共乘”；
2. 只有出发时间段一致的出行计划才可以进行匹配；
3. 如果所有出行计划的出行人数超过了可提供的座位数（暂时固定为 4），不可匹配；
4. 加入同一个共乘的出行计划，任何两个计划的起始地的距离不应该超过 1 公里，和其他出行计划的目的地的距离，至少应该有一个不超过 2 公里。

请你按照由简单到复杂的顺序，整理上述共享出行的匹配策略，为它们编号，并尝试扩展更多规则。

LLM

根据您提供的共享出行的匹配策略，我将按照由简单到复杂的顺序为它们编号，并试着进一步扩展。

1. 出发时间段匹配：只有出发时间段一致的出行计划才可以进行匹配。这是一个基本的规则，确保乘客都在相似的时间内出发。
2. 状态判定：仅对状态为“待撮合”的出行计划进行匹配。避免已经匹配或取消的出行计划再次被匹配。
3. 座位限制：如果共乘的出行人数超过了可提供的座位数（暂时固定为 4），不可匹配。这确保了车辆的座位不会被超额预订。
4. 地点距离限制：加入同一个共乘的出行计划，任何两个计划的起始地的距离不应该超过 1 公里，和其他出行计划的目的地的距离，至少应该有一个不超过 2 公里。确保出行计划之间的地点都在合理的距离范围内，方便接乘客和送乘客。
5. 优先匹配已有共乘：优先匹配已经存在的“共乘”。当已经存在的共乘不存在时，再匹配出行计划形成新的“共乘”。这可以优化资源利用，避免创建过多的共乘。

下面进一步扩展规则。

6. 用户评分考虑：为每个用户设定一个评分系统，优先匹配评分较高的用户。这可以确保共乘的体验更为舒适，鼓励用户维持良好的乘车行为。

7. 时效性：如果一个出行计划在一个特定的时间内（例如 30 分钟）没有匹配到共乘，系统可以给用户发送提醒或考虑提供其他出行建议。
8. 容错范围：为出发时间段提供一个容错范围，例如前后 15 分钟，以增加匹配的机会。
9. 历史匹配记录：考虑用户的历史匹配记录。如果两个用户在过去有良好的共乘体验，那么他们再次匹配的可能性可以增加。
10. 特殊需求匹配：允许用户设置特殊需求，如"无吸烟""宠物友好"等，确保只与有相同需求的用户匹配。

这些规则和策略应该能帮助您更好地为用户提供优质的共享出行服务。当然，随着业务的发展，还可以根据实际需要不断地优化和调整这些规则。

大模型根据我们的要求整理了需求规则，并提出了更多建议。长期来看，它扩展的规则也是很有意义的。虽然我们在初始迭代中无法实现这些规则，但可以将这些合理的建议记录在用户故事地图中，以备未来实现。

如何实现高质量的大模型对话？

请留意上述案例中提示词的结构。首先，我在提示中说明了问题背景，然后通过介绍领域模型，对关键概念之间的关系进行了解释。接着，明确说明了业务规则，最后给出了输出的期望。

领域模型在提升大模型辅助需求分析的效率方面扮演了重要角色。

3.5.3 使用测试用例澄清需求

业务规则经常是复杂的，仅依赖自然语言，很难精准地表达需求，或者发现隐含的细节。实例化需求是一种有效的需求沟通和需求澄清方案。它的核心理念很简单：相较于可能产生歧义的文字，测试用例更明确，可以自动化执行。因此，在需求分析阶段，结合测试用例来澄清需求，可以有效弥补自然语言表述方面的不足。图 3.8 表达了测试用例在需求澄清方面的价值。

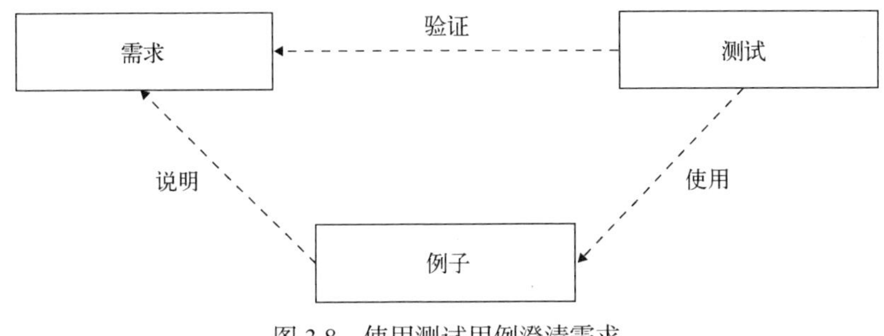

图 3.8 使用测试用例澄清需求

下面介绍实例化需求中常用的 Given-When-Then 模式。

1. Given-When-Then 模式

Given-When-Then 是一种广泛用于实例化需求的规范化描述模式。这种描述模式明确、简洁，可以帮助团队更好地表达和理解需求。

- Given：描述了用例的前置条件，即在进行某个操作或检查前，系统或环境应该处于什么状态。例如，假设用户已经登录系统。
- When：描述了触发动作或事件，即在给定的条件下，用户或系统执行了什么操作。例如，当用户点击“提交”按钮。
- Then：描述了预期的结果或系统的反应，即执行了特定操作后，预期发生什么事情。例如，用户应该收到确认消息。

需要注意，Given-When-Then 是用来说明需求的有效方法，但是它本身不是需求或业务规则。它需要附着在需求和业务规则上，而不是孤立地作为需求说明。

2. 用大模型编写初步的测试用例

在没有大模型的时代，我们需要手动编写需求实例化所需的测试用例。现在我们可以利用大模型的能力，快速创建测试用例。

提示

我正在开发一个共享出行的业务。在本业务中，用户会提交自己的“出行计划”，系统会基于出行计划的匹配程度进行匹配，并创建“共乘”。

其中，出行计划包括“起始地、目的地、出发时间段、所需座位数和状态（待撮合、已加入、已取消等。仅状态为‘待撮合’的可进行匹配）”，“共乘”则包括已经匹配的“出行计划”列表。

我们已经定义了如下的业务规则。

1. 出发时间段匹配：只有出发时间段一致的出行计划才可以进行匹配。这可以确保乘客在相似的时间内出发。
2. 状态判定：仅对状态为“待撮合”的出行计划进行匹配。避免已经匹配或取消的出行计划再次被匹配。

所有规则的触发场景是：在已经存在（或不存在）出行计划（或共乘）的情况下，新创建了一个出行计划，则对该出行计划和已有的出行计划（或共乘）进行匹配。

请你基于上述规则和触发场景，采用实例化需求的方法，为每条规则编写测试用例。

测试用例的要求如下。

1. 需要从正、反方向为每个规则设计用例，而且可能需要多个用例。
2. 用正交、控制变量的方法设计用例数据，确保除了关注的变量外，给出的用例不影响规则的达成。例如，当你考虑时间段匹配时，可以把出行计划对应的起始地都设成地标 1，目的地都设成地标 2，这样就可以消除由于距离导致的匹配问题。
3. 采用 Given-When-Then 的形式输出。每个规则都需要列出出行计划和共乘的具体数据。上述要求非常重要，请你在完成案例之后先自我检查，确保你的输出符合上述要求。

这个提示看起来很长。不过，它的结构非常清晰，它包括了如下几个关键部分。

(1) 业务背景。

(2) 领域模型。

(3) 需要被实例化的业务规则。

(4) 对输出内容的要求。

LLM

基于您的描述，我将为每条规则编写测试用例。

1. 出发时间段匹配

正向用例

```
Given
- 出行计划 A：起始地-地标 1，目的地-地标 2，时间段-08:00-09:00，座位数-2，状态-待撮合
- 出行计划 B：起始地-地标 1，目的地-地标 2，时间段-08:00-09:00，座位数-2，状态-待撮合

When
- 发布出行计划 B

Then
- 出行计划 A 和 B 匹配成为一个共乘
```

反向用例

```
Given
- 出行计划 A：起始地-地标 1，目的地-地标 2，时间段-08:00-09:00，座位数-2，状态-待撮合
- 出行计划 B：起始地-地标 1，目的地-地标 2，时间段-09:00-10:00，座位数-2，状态-待撮合

When
- 发布出行计划 B

Then
- 出行计划 A 和 B 无法匹配成共乘
```

2. 状态判定

正向用例（同前）

反向用例

```
Given
- 出行计划 A：起始地-地标 1，目的地-地标 2，时间段-08:00-09:00，座位数-2，状态-已加入
- 出行计划 B：起始地-地标 1，目的地-地标 2，时间段-08:00-09:00，座位数-2，状态-待撮合

When
- 发布出行计划 B

Then
- 出行计划 A 和 B 无法匹配成共乘
```

希望这些测试用例可以帮助您验证业务规则的正确性和完整性。

虽然大模型的输出不能直接作为最终结果，但它已经是一个非常优秀的初始测试用例。在这个基础上，我们可以进一步进行评审和讨论，并利用这些实例来形成对需求的共识。

3. 实例化需求和测试先行

实例化需求方法要求我们在需求分析阶段就同步设计测试用例，这是一种测试先行的工作方式。它带来了如下正面影响。

- 从一开始就考虑如何测试，测试人员和需求分析活动的关联更紧密了，带来了更好的团队协作。
- 从一开始就考虑如何测试，是典型的“结果导向”思维方式，因此团队会更加投入，思考更全面。
- 测试用例是具体的，比抽象的文字更好理解，团队对需求的理解更精确了。

测试先行意味着首先定义标准，然后再考虑实现。从这个意义上，测试先行的本质就是需求的规范化先行、契约先行。测试先行已经是现代软件工程的重要实践之一。

小练习

▶ 练习 1：辨析领域模型中的概念。

在图 3.7 中，出行信息包含了“乘车人数”。你能想到一个乘车人数和座位数不相等的情况吗？如果是这样，应该用什么概念来表达它？（答案见 5.2 节）

▶ 练习 2：结合需求场景，演进领域模型。

请结合下面两个需求场景，更新图 3.7 的领域模型。

- 场景 1：确认用户会合。用户已经发布出行计划，系统也撮合成功并给用户发送了撮合成功消息。用户现在启程前往会合点。在用户到达会合点时，用户将在界面上点击确认到达。
- 场景 2：我们前期的业务发展十分顺利，用户量持续增长。经过数据分析，每天都有大量的用户从地点 A 到地点 B。基于这样的数据分析，我们认为开通点对点共享巴士是更经济、环保的一种共享出行方式。

▶ 练习 3：尝试使用大模型，完善撮合场景中的实例化需求规则。

业务规则：座位限制。为了确保车辆的座位不会被超额预订，我们需要判断共乘的乘车人数。如果共乘的乘车人数超过了可提供的座位数（暂时固定为 4），不可匹配。

第 4 章

构建初始架构

本章以共享出行业务为背景，探讨架构设计的核心思想和方法，以及我们如何利用大模型的能力，提升架构决策的质量和效率。

4.1 架构的使命和目标

在软件开发行业，关于架构是什么，不同的人可能有不同的理解。想要理解架构的概念，我们先要思考：为什么需要架构？

软件具有较长的生命周期，而软件开发是一项需要规模化协作的高复杂度活动。因此，成功的架构不仅要能支持当下的开发活动，还需要定义软件开发的宏观结构、关键决策和长期策略。

4.1.1 架构的定义

软件架构的定义分为两类：一类关注结构和演进，另一类关注决策。

关注结构和演进的典型定义来自 CMU 的软件工程研究所（SEI）和 IEEE ISO/IEC。其中，SEI 的 Len Bass 等人给出的定义是：

> 系统的软件架构是系统进行推理所需的一组结构。这些结构包括软件元素、元素之间的关系，以及元素的属性。

IEEE ISO/IEC 给出的定义是：

> 一个系统的软件架构是系统或组件的基本组织结构，包括软件组件、组件的外部可见属性、组件之间的关系，以及指导上述内容设计与演进的原则。

这类定义强调元素、元素之间的关系和元素的属性，这一视角对大规模软件的分而治之、模块化、组织沟通协作非常重要。IEEE ISO/IEC 给出的定义还突出了软件设计是一个持续演进的过程。

当然，无论是模块分解、职责定义还是设计和演进的原则，都意味着某种决策。这就提出了一个新的问题：要在架构活动中制定所有的决策吗？考虑到软件设计中无数的细节，这显然是不可能的。那么，究竟哪些是架构决策，哪些不是呢？Grady Booch 提出了关注决策的架构定义：

> 软件架构是一个系统早期决策和重要决策的集合，其重要性由改变它所要付出的成本来衡量。

对于一个决策，如果它的影响面较大，在未来变更时需要付出较高的成本，那么它就是一个重要决策。举例来说，当一个模块被很多外部模块依赖，这个模块的对外接口定义就是一个重要决策，因为一旦变更这个接口，会影响许多依赖方。相反，模块的某个内部函数叫什么名字、有几个参数，就不是那么重要，因为它们的改变只会影响模块内部实现，变更成本比较低。

4.1.2　如何形成高质量决策

架构决策是重要的决策。那么如何才能持续地做出高质量决策呢？我们需要注意以下 4 个原则。

第一，需要见多识广。架构师需要了解常见的架构问题和解决方案，例如各类架构的性能、可靠性、安全性、可维护性、可扩展性等。大模型在一定程度上扩充了架构师的视野，不过架构师自身的知识面仍然非常重要。

第二，需要理性决策。架构师需要结合当前上下文，基于清晰明确的架构决策方法，形成最佳决策。

第三，需要延迟决策。对于可以推迟的决策，尽量延迟。决策时机越晚，获得的信息就越丰富。这也意味着，架构设计是一个持续性过程，本章的标题为“构建初始架构”，也体现了架构设计的连续性。

第四，采用演进式架构。通过使架构可演进，能降低决策的“后悔”成本。

4.2 大模型如何支持架构设计

架构师常常面临知识面不够宽、对技术细节不够了解等挑战，大模型可以有效帮助架构师应对上述挑战。

1. 扩充知识面

没有人能知道所有的事情，但大模型“见多识广”。如果我们在架构阶段遇到了不太了解的技术问题，就通过咨询大模型获得丰富的信息。例如当我们正在考虑如何选择认证授权服务的技术栈时，可以像下面这样咨询大模型。

提示

我正在规划一个高性能、易扩展的认证授权服务，它需要和微信小程序前端交互。除了 Spring 技术栈之外，还有哪些具有良好社区支持和生态的技术栈可供选择？

LLM

为了规划一个高性能且易扩展的认证授权服务，特别是与微信小程序前端进行交互，除了 Spring 技术栈之外，还有几个具有良好社区支持和生态系统的技术栈可以考虑。

1. Node.js

- 优势：事件驱动和非阻塞 I/O 模型使其非常适合构建轻量级、高性能的网络应用。
- 社区和生态：拥有庞大的社区、丰富的模块和库（通过 npm），非常适合快速开发。
- 适用性：特别适合构建实时应用，如即时通信应用和在线游戏。

2. Django（Python）

- 优势：一个高级 Python Web 框架，鼓励快速开发和干净、实用的设计。
- 社区和生态：Python 的广泛使用使其具有强大的社区和丰富的库。
- 适用性：适用于快速开发、构建具有复杂数据模型的应用。

3. Go

- 优势：具有简洁、高效和安全的特点，适合构建高性能的分布式系统。
- 社区和生态：虽然相对年轻，但拥有快速增长的社区和良好的企业支持。
- 适用性：非常适合于构建微服务和大规模的云基础设施。

4. Express.js（基于 Node.js）

- 优势：一个快速、未加约束的 Node.js Web 应用框架。
- 社区和生态：作为 Node.js 的一部分，享受着庞大的 NPM 生态系统。
- 适用性：适用于那些需要快速开发小型到中型 Web 应用的项目。

技术栈的选择取决于团队人员对各种技术的熟悉程度、项目需求、期望性能等，每种技术栈都有其独特的优点和局限性，因此最终的选择应基于对项目特定需求的仔细考虑。

2. 解决关键技术问题

大模型特别擅长解决一些常见的技术问题。例如，你正在考虑往一个 Spring 应用中增加一个统一异常拦截器，但是你之前没有类似的经验，就可以像下面这样问大模型。

提示

在 Spring 的控制器中，如何统一拦截异常，并据此更改 HTTP 的返回码？

LLM

在 Spring 框架中，你可以使用`@ControllerAdvice`注解与`@ExceptionHandler`注解来创建一个全局的异常处理器。这样，当你的控制器中抛出特定的异常时，你可以为其定义响应。

以下是一个简单的示例，演示如何创建一个全局异常处理器来拦截异常并更改 HTTP 的返回码。

1. 创建一个全局异常处理类：

```
import org.springframework.http.HttpStatus;
import org.springframework.http.ResponseEntity;
import org.springframework.web.bind.annotation.ControllerAdvice;
import org.springframework.web.bind.annotation.ExceptionHandler;
import org.springframework.web.servlet.mvc.method.annotation.ResponseEntityExceptionHandler;

@ControllerAdvice
public class GlobalExceptionHandler extends ResponseEntityExceptionHandler {

    @ExceptionHandler(YourSpecificException.class)
    public ResponseEntity<Object> handleYourSpecificException(YourSpecificException ex) {
        // 你可以在这里添加日志或其他操作

        // 返回你的自定义响应和 HTTP 状态码
        return new ResponseEntity<>("Your error message or object", HttpStatus.BAD_REQUEST);
    }

    // 你可以为其他异常类型添加更多的处理方法
}
```

2. 在你的项目中定义 YourSpecificException 异常类，或者将其替换为你想拦截的任何异常。
3. 使用上面的配置，当你的控制器抛出 YourSpecificException 异常时，handleYourSpecificException 方法会被调用并会返回一个 HTTP 400 Bad Request 响应。你可以更改返回的状态码和消息，或者添加其他的异常处理方法。
4. 确保你的 GlobalExceptionHandler 类被 Spring 扫描到，这通常意味着它需要位于你标记有@SpringBootApplication 注解的类的同一个包或子包中。

这种方法允许你集中处理异常，保持你的控制器代码简洁，并确保一致的错误响应。

3. 协助进行架构决策

有时候，你会在一些具体的决策点上犹豫不决，担心考虑的角度不够全面。在这种情况下，你也可以咨询大模型。

提示

在设计接口时，日期和时间是使用 LocalDateTime 更方便，还是直接使用 Unix 时间更方便？

LLM

在设计接口时，选择使用 LocalDateTime 还是 Unix 时间戳（以秒或毫秒表示自 1970 年 1 月 1 日以来的时间）取决于多种因素，包括应用程序的需求、客户端的能力和期望的互操作性。以下是两者的一些优缺点。

LocalDateTime

优点

- 可读性：以人类可读的字符串格式表示，例如 ISO 8601 格式，在开发和调试时更容易理解。
- 精度：可以表示日期和时间的各个组成部分，如年、月、日、时、分、秒等。
- 时区无关：LocalDateTime 不包括时区信息，适合表示特定时区的本地日期和时间。

缺点

- 大小：通常比 Unix 时间戳更占用空间。
- 时区：如果没有明确的时区信息，可能会导致在不同的时区之间解释不一致。

Unix 时间戳

优点

- 紧凑：Unix 时间戳通常以整数表示，比日期和时间的字符串表示更节省空间。
- 通用：Unix 时间戳是全球统一的，不依赖地区和时区。
- 性能：解析和生成 Unix 时间戳通常比解析和生成完整的日期和时间字符串更快。

缺点

- 可读性：Unix 时间戳对人类来说不直观，需要转换为常规日期和时间才能理解。
- 精度：Unix 时间戳通常以秒表示，如果需要更精确的时间，则可能需要使用毫秒。

总结

- 如果你希望提供更好的可读性和更方便的开发和调试功能，可以使用 LocalDateTime。

- 如果你希望节省空间、提高性能，或确保全球统一的时间表示，则可以使用 Unix 时间戳。
- 如果应用程序需要跨多个时区工作，则应考虑使用 ZonedDateTime 或在日期和时间旁边明确标记时区信息。

在许多情况下，使用 LocalDateTime 并采用标准的 ISO 8601 格式是一种合理的选择，因为它提供了良好的可读性和足够的精度，而且在现代编程环境中很容易处理。

除了上述内容，你还可以利用大模型来快速构建架构原型、撰写架构文档、设计接口等，这些也非常有价值，请读者自行尝试。

4.3 理性决策和演进式架构

做出高质量的架构决策，同时确保架构可持续演进，是架构师的重要职责。本节介绍理性决策模型和演进式架构的设计策略，其中理性决策模型不仅适用于架构设计，也是软件开发中一切设计活动的通用准则。

4.3.1 设计的理性模型

高质量的设计决策伴随着明确、有条理的设计过程。Fred Brooks 在《设计原本》[16] 描述了设计的“理性模型”。我把其中的关键要素整理为了“设计五要素”：

- 设计目标
- 上下文和约束
- 评估标准
- 设计选项
- 决策结果

1. 设计目标

我们要通过设计达到什么目标？是更好的性能，更易维护的代码，还是更快的上线速度？不同的目标对应着不同的设计，目标之间还可能存在冲突。

> 避免在缺乏明确目标定义的情况下盲目开展设计工作。

功能性目标

架构层次的目标可以分为功能性目标和非功能性目标两部分。其中，功能性目标和业务场景密切相关，例如：

- 便捷发布出行计划；
- 快速有效撮合；
- 管理出行行程；
- 便捷支付。

非功能性目标

非功能性目标也称为“质量属性”，是影响系统稳定性、用户满意度甚至业务成败的关键因素。例如：

- 保证用户隐私和数据安全；
- 高可用；
- 低开发成本和运维成本。

ISO/IEC 25010 定义了一组标准的质量属性，它可以作为架构师的一个检查单，识别当前系统在当前阶段的关键质量属性，如图 4.1 所示。

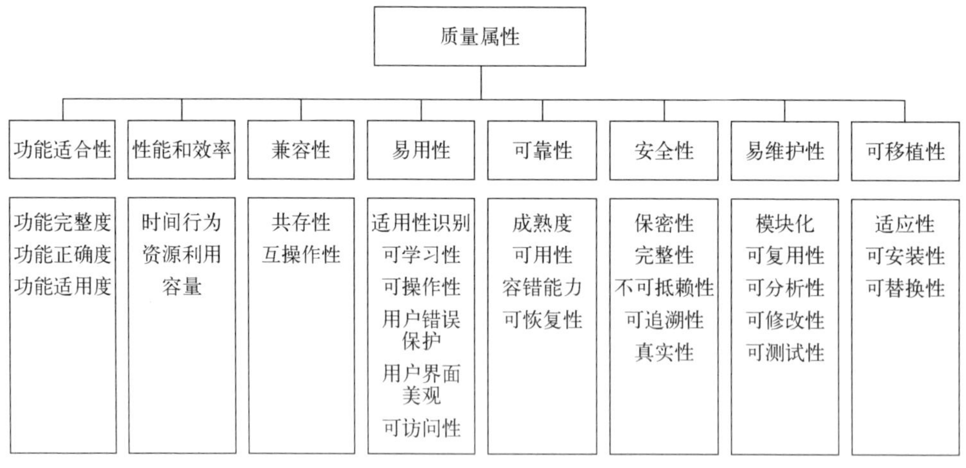

图 4.1　ISO/IEC 25010 质量属性列表

讨论：重点关注哪些设计问题？

定义问题是架构决策的第一步。在定义设计问题时，需要特别注意以下几点。

1. 设计问题应该和业务目标相关

每个具体的设计问题，都对应着一个或一组业务目标。例如，在共享出行业务中，“按照什么业务逻辑进行撮合？”这样的设计问题需要综合考虑当前的业务阶段、用户体验、撮合成功率等不同的目标，才能形成决策结果；“是自己开发用户管理和认证授权系统，还是复用既有方案？”这样的问题则需要考虑上线时间、数据可控性、集成能力和成本等多个目标。

2. 重视那些细微但影响面广的问题

不是只有宏大的设计问题才需要架构决策。例如，实体对象的 ID 是使用自增 ID 还是 UUID 这样的问题，对实现成本、可扩展性等都有重要影响。因此，它们也是架构决策的一部分。

此外，有些决策算不上架构决策，决策成本也不高，但方法论是相同的。例如模块职责如何分解、函数如何命名，这样的小问题也会影响到软件的易理解、易维护和易演进特征。

2. 上下文和约束

问题发生在特定的时间和空间中，所以设计问题有特定的上下文和约束，它们决定了设计可以采取哪些解决方案。

- 上下文是问题所处的环境。
- 约束是限制设计选择的条件或因素。

业务环境影响产品决策

我们准备开发一个共享出行产品，就需要考虑当前的主流业务形态。以前，开发 App 似乎是唯一的选择，但是现在，微信小程序的普及让我们不得不考虑：是开发 App 还是使用微信小程序呢？或者先开发微信小程序版本，再上线 App 版本？选择不同，技术栈不同，获客渠道和推广成本也不同。

技术环境影响架构决策

技术生态会影响开发语言和技术框架的选择。选择主流的开发语言和技术框架比较容易找到合适的开发人员。例如我们经常选择 Java 语言和 Spring Boot 技术栈来开发企业应用，而对于人工智能、机器学习领域的产品来说，选择 Python 更有优势。

3. 评估标准

问题的解决方案往往不止一种。某种方案可能在一方面表现出色，但在另一方面就要弱于其他方案。在这种情况下，取舍就很重要了，正所谓“鱼与熊掌不可得兼”但是，哪个是“鱼”，哪个是“熊掌”呢？这样的决策依据，就是评估标准。

> 评估标准是在当前问题上下文中，关于目标之间的优先级描述以及如何形成决策的标准和策略。

例如在共享出行案例中，我们需要为微信小程序的认证授权服务确定技术栈。Spring Boot 和 Node.js 都很流行，开发团队对它们也都很熟悉。如果选择 Spring Boot，那么和其他后端服务的技术栈一致，是个优势。但如果选择 Node.js，开发工作量更小，消耗的计算资源也更少。这时我们应该如何选择呢？

在这个案例中，我们定义的评估标准是：优先考虑开发工作量、计算资源和并发能力。按照这个评估标准，我们最终选择了 Node.js。

4. 设计选项

设计是在特定约束条件下，为了满足设计目标，持续搜索潜在候选方案，从而形成设计决策的过程。如果设计师知道的选项太少，搜索空间有限，就很难形成高质量的设计决策。

以前，架构师的经验和知识面决定了他们发现潜在解决方案的能力。现在大模型提高了普通架构师和设计者在这方面的表现。例如，我正在开发一个 Node.js 应用，但是我没有日志方面的经验，就可以像下面这样问大模型。

> **提示**
>
> 我是一个 JavaScript 新手，正在使用 Node.js+Express 开发应用。你可以帮我选择一个日志框架吗？请从性能、易用性和灵活性角度做比较，给出你的推荐。

LLM

在 Node.js 中，有多种流行的日志框架，我会重点介绍几个常用的框架，并从性能、易用性和灵活性三个方面进行比较。

1. Winston

- 性能：在Node.js社区中，Winston是被广泛使用的日志框架之一，其性能在大部分常见应用场景中都是足够用的。
- 易用性：基本的配置很简单，有很多在线资源和文档可以参考。
- 灵活性：支持多种日志级别、日志格式以及日志传输方式（控制台、文件、数据库等）。

2. Morgan

- 性能：Morgan 是一个 HTTP 请求日志中间件，适用于 Express 应用，足够轻量且高效。
- 易用性：对于 Express 应用，Morgan 非常易于集成和使用。
- 灵活性：虽然 Morgan 主要针对 HTTP 请求日志，但它提供了自定义日志格式的功能。

3. Bunyan

- 性能：与 Winston 相似，Bunyan 也提供了良好的性能。
- 易用性：Bunyan 的 API 很直观，但可能需要一些时间来适应其结构化的日志方式。
- 灵活性：提供了丰富的日志级别和自定义流，支持结构化的日志。

4. Pino

- 性能：Pino 声称是 Node.js 中最快的日志记录器。
- 易用性：API 与 Bunyan 相似，相对简单。
- 灵活性：与 Bunyan 类似，也支持结构化日志，并且可以通过插件和工具进行扩展。

我的推荐：

- 如果你正在寻找一个综合性能、易用性和灵活性都比较均衡的日志框架，Winston 是一个很好的选择。

- 对于 Express 应用，为了记录 HTTP 请求日志，你可以考虑使用 Morgan。事实上，Morgan 和其他日志框架（如 Winston 或 Pino）可以同时使用，这样你可以利用 Morgan 记录 HTTP 请求，而使用另一个框架进行其他类型的日志记录。
- 如果性能是你的首要考虑因素，那么 Pino 是一个值得考虑的选择。

不论你选择哪一个，建议深入研究其文档和 API。

大模型具有丰富的背景知识，在探索解决方案时，可以较好地解决“未知的未知”问题。在架构设计中，充分应用大模型来发现潜在的候选解决方案，能够大幅提升设计效率，弥补个人和团队知识面的不足，提高设计质量。

5. 决策结果

在明确了设计的目标、上下文和约束、评估标准以及潜在的候选方案之后，我们就可以综合这些候选方案在各方面的表现，获得决策结果。有时候，这些比较可以通过定性的分析来完成；有时候可能需要进一步开发原型、做实验，以获得更准确的结果。

理性决策和渐进认知的平衡

设计五要素表达的是一个理想模型，是建立在“信息尽可能全面”基础上的设计方法。在现实中，我们既需要尽量做出高质量决策，还需要意识到软件开发“渐进认知”的特点，保持设计决策的持续跟踪和演进。

对于那些较为宏观、影响广泛的架构决策，仅记录一个最终结果是不够的，还需要明确记录为什么做出这样的决策。

- 首先，决策的背景和原因需要与团队沟通。只有当团队理解了决策的原因，决策才能得到有效执行，避免不必要的争论。
- 其次，随着时间的推移，有时即使是决策者本人，都可能忘记在决策时考虑过的方案和决策理由。
- 最后，由于决策是在特定的上下文中做出的，所以当上下文发生变化时，之前做出的决策可能就不再是最佳选择，需要重新思考和讨论，而不是机械地执行原有的架构决策。

架构决策记录[17]（Architecture Decision Record，下称 ADR）是一个简洁有效的工具，用来记录决策过程和结果。采用 ADR 工具，不仅可以明确决策过程，还有助于加强团队成员对设计要素的理解，提高团队的设计能力。

为此，我设计了如表 4.1 所示的 ADR 模板。

表 4.1 ADR 模板

设计要素	描　述
设计目标	要解决什么核心问题？达到什么关键目标？
上下文和约束	有哪些影响决策的特定上下文和约束？
评价标准	关注哪些重要的质量属性？
设计选项	在解决方案空间中有哪些选项？它们在上述评价标准上的表现如何？
决策结果	最终选定的方案是什么？有没有可能的不利后果？后续阶段可能如何演化？

4.3.2 如何让架构可演进

在演进式设计中，架构设计并不是某个阶段的活动，它贯穿产品的整个生命周期。因此，如何让架构可演进，是一个重要话题，需要一系列工程实践的支撑。

1. 减小决策的影响面

演进式设计意味着不可能在第一次就尽善尽美。延迟决策、减小决策的影响面，在整个设计过程中持续探索和发现，关注新浮现的问题并及时采取解决方案，这些都是对架构师来说非常重要的心智模型。

当然，灵活的架构策略往往也意味着较高的成本，架构师需要在综合考量变化发生的概率、影响面、成本等基础上进行决策。

2. 通过架构原型降低决策风险

有些架构决策很难延迟，这时候就需要架构师通过“刻意地发现”来识别决策风险，继而降低决策风险。下面是几个架构决策风险点的示例。

- 存在关键约束且彼此冲突的任务。例如，火车网络购票服务既需要支持高并发，也需要面临平常人流较小的挑战。
- 新问题或新场景。例如，某个组织之前使用的是自研的用户权限管理方案，现在要切换为新的开源方案。

- 一致性。例如，某个组织新引入了 DDD 的实现方式，但不同的人对具体实现方式的理解可能并不一样。

仅仅通过设计文档或者概念讨论，不太可能消除以上风险。通过架构原型可以大幅降低决策的落地实施风险，产生更好的认知。例如在共享出行案例中，为了支持微信小程序上的 WebSocket 和 STOMP 协议，我们首先开发了架构原型，提升我们对新问题的认知水平，在落地时，同样实现了架构原型，以降低一致性风险。

3. 构建支持演进的开发策略和基础设施

架构演进和设计演进都依赖卓越的工程实践。许多组织不是没有演进式思维，而是缺乏对应的技术实践支撑。良好的模块化设计、自动化测试和持续集成这几项尤其重要。

- 通过将系统拆分成多个小的、独立的模块，可以让设计更加灵活和易于管理。每个模块都可以单独开发、测试和演进，从而提高整体架构的灵活性。此外，在大模型时代，更好的模块化也让大模型辅助开发更为轻松。
- 自动化测试建立了一个“安全网”，让我们可以随时改进设计，无须担心变更带来的风险。所以，在演进式架构中，持续集成和完备的自动化测试是必需的。
- 持续集成降低了变更所需的成本，让我们可以迅速、频繁地进行迭代。

4.4 共享出行的关键架构决策

本节结合共享出行案例，以产品形态、架构分解和认证授权方案的选择为例，介绍架构分解的方法和原则，以及大模型支持的架构决策过程。

4.4.1 独立 App 还是微信小程序

共享出行需要一个前端。我们选择独立的 App 还是小程序呢？

虽然独立 App 能够实现的功能更丰富，也具有更好的运营自由度，但它需要靠自身运营获得流量，成本较高。相比之下，小程序背后有庞大的微信生态，在项目初期更容易获得用户关注，是一个更优的方案。

采用 ADR 模板，上述决策内容可以表述为表 4.2。

表 4.2 共享出行的前端选择

设计要素	描 述
设计目标	选择合适的用户前端，提升获客效率和人群覆盖率
上下文和约束	微信拥有庞大的用户生态，微信小程序已经普及
评价标准	流量获取便利，安装、使用和推广成本低
设计选项	独立 App 优势：功能丰富、运营的自由度高 劣势：需要用户主动下载并安装 微信小程序 优势：背后有强大的微信生态，容易获得用户关注，无须下载 劣势：在能力的丰富性和运营的自由度上可能受到限制
决策结果	选择微信小程序作为用户前端 未来演进路径假设：如果后期流量获取已经不是问题，但是运营自由度受到阻碍，则需要考虑开发独立 App 并通过小程序完成导流

4.4.2 架构分解

在演进式设计中，架构分解是一个持续进行的过程，贯穿产品的整个生命周期。因此，好的初始架构是未来演进的基础。

1. 优先按照问题域分解

架构分解的首选方案是在问题域进行分解。在问题域进行分解可以明确边界，降低集成难度，提升架构的复用性和可演进能力。例如认证授权、支付等都是彼此独立的问题领域。

DDD 的子域和限界上下文，也是指导架构分解的有效模式。

- 子域：代表一个内聚的问题边界。例如在电子商务系统中，可能有订单管理、商品管理、支付管理等不同的子域。根据需要，在不破坏问题边界的前提下，子域可以进一步拆解。
- 限界上下文：一个自治的边界，包含模型、术语、规则、对外接口、代码实现、数据库等。限界上下文具有完备而明确的职责，是构成复杂软件系统的“细胞”。要尽量让限界上下文的边界和子域边界一致，这有助于提升系统的易理解、易复用和可演进能力。

图 4.2 初步展示了共享出行案例的子域划分，其中的虚线箭头代表子域之间的依赖关系。

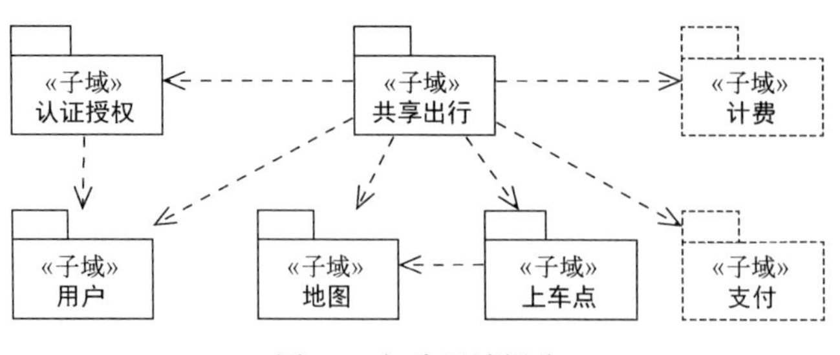

图 4.2 初步子域划分

共享出行域是整个产品的核心价值所在，属于核心域。认证授权域、用户域、地图域和支付域不仅适用于共享出行业务，也可以用于其他业务，因此它们被划分为通用域。上车点域、计费域虽然不是核心内容，但与核心业务的实现密切相关，在 DDD 中，它们被称为支撑域。

由于我们在初始迭代中暂时不会实现计费和支付，所以在图 4.2 中使用了虚线框来表示它们。

讨论：用户域和认证授权域需要分开吗？

用户域和认证授权域常常是密切关联的，但是从概念上，它们不应该被视为一个子域，因为二者在功能和职责上存在明显的差异。

用户域主要关注用户的身份、角色和权限管理，包括用户注册、登录、个人信息管理等。认证授权域更加专注对用户身份的验证和授权，涉及用户的凭据管理、身份验证和资源访问授权等功能。

将用户域和认证授权域分离可以提高系统的简洁度、灵活性和可定制性。

2. 渐进式服务拆分

在共享出行项目中，我们将采用微服务架构风格。我们不会在初始阶段一次性完成服务拆分，而是在项目的演进过程中渐进拆分。这是因为服务拆分意味着要明确定义服务的职责和接口，这需要对如何划分服务有较好的认知，此外服务间的调用也有额外的开销。逐步分离服务职责符合认知规律，也有助于控制变量和降低风险。

在初始阶段，共享出行仅包含两个必要的服务：认证授权服务和共享出行服务。这里需要说明，用户管理暂时和认证授权服务放在一起，地图、上车点暂时和共享出行服务放在一起，具体原因如下。

- 项目早期没有复杂的用户管理功能，暂时将用户管理功能放在认证授权服务中可以减少开发成本，将来有更多功能时再分离。
- 地图、上车点两个子域都是服务共享出行业务的，它们的职责将在开发过程中逐步澄清。暂时将它们和共享出行服务放在一起便于开发和重构，在获得了较好的认知之后，再把它们演进为单独的服务。

此外，随着业务发展和设计进展，一个子域也可能包含多个微服务。例如，当业务规模较大时，共享出行的“出行计划匹配”就很可能需要拆分出来。

3. 保持代码结构和领域边界的一致性

即使我们在同一个服务中实现多个子域，也需要在代码的目录结构或者软件包管理中维持子域的边界。下面是共享出行服务中的代码结构：

```
$ tree -L 1
```

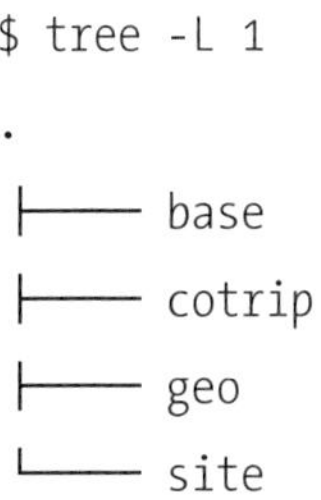

```
.
├── base
├── cotrip
├── geo
└── site
```

其中 base 是公共目录，cotrip 是共享出行核心域，geo 和 site 分别代表了地图和上车点子域。通过这样的代码结构，可以保持每个子域的边界清晰，提升可理解性，也有助于未来的微服务拆分。

图 4.3 展现了共享出行产品早期的服务划分情况和内部结构。

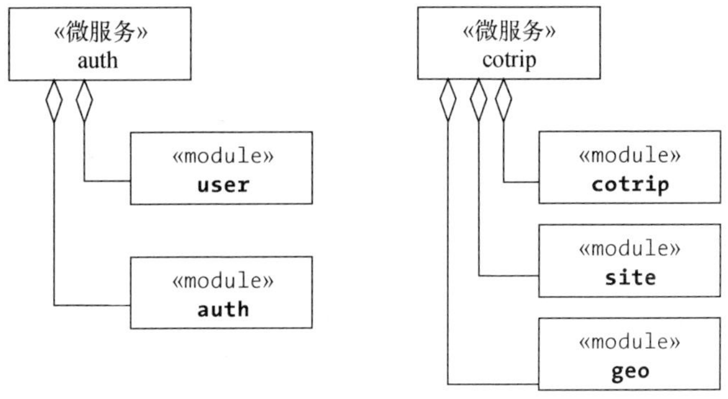

图 4.3 服务划分和内部结构

4.4.3 开发、购买还是复用

核心域是关键业务所在，所以一个企业必须对核心域有完全的所有权和控制权。但是，像认证授权这类通用域，自行开发就未必是最合适的选择了。

我们可以从以下几个方面比较自行开发和使用第三方服务（购买或使用开源方案）。

- 功能和成熟度：认证授权是安全领域中的核心问题，包含大量的领域知识和实现细节。第三方服务或开源服务已经经过多年的发展和迭代，解决了许多实际应用中的问题和挑战。自行开发服务很容易出现安全隐患，或者缺乏关键功能。
- 开发成本和上线时间：自行开发意味着更多的开发时间和开发工作量。选择第三方服务可以节省项目早期宝贵的开发资源。
- 持续更新：使用第三方系统，可以依赖专业团队来跟进和保持更新，而自行开发就不得不长期不付出维护成本。

当然，某些第三方服务是在线服务，这会在一定程度上影响到数据可控性。某些第三方服务是收费服务，这往往意味着较高的长期使用成本。

现在让我们结合大模型的能力，为认证授权域选择合适的解决方案。

提示

我正在开发一个业务系统。这个业务系统需要使用“用户认证授权”的功能。我已经决定采用第三方服务或开源方案。请你按照如下的目标顺序，推荐若干合适的解决方案，并比较目标满足程度：

1. 必须具备和微信小程序集成的能力；
2. 产品（或服务）成熟，有众多用户；
3. 数据可控；
4. 开发成本低；
5. 方案免费。

LLM

根据您提出的需求和优先级，我为您推荐几个可能符合要求的解决方案，并针对每个目标进行评估。

1. Keycloak

满足程度评估如下。

- 微信小程序集成能力：Keycloak 支持 OpenID Connect 协议，可以与微信小程序进行集成，但可能需要一些自定义开发工作。
- 产品成熟度：Keycloak 是一个非常成熟且被广泛使用的开源身份和访问管理解决方案。
- 数据可控：作为一个自托管的解决方案，Keycloak 允许您完全控制数据。
- 开发成本：相对较低，尤其是如果您有基于 Java 的开发背景。但集成微信小程序可能需要额外的开发工作。
- 费用：Keycloak 是免费的开源软件。

2. Auth0

满足程度评估如下。

- 微信小程序集成能力：Auth0 提供微信登录集成，可以与微信小程序相配合。
- 产品成熟度：Auth0 是一个成熟的商业产品，拥有大量用户和广泛的社区支持。
- 数据可控：作为 SaaS 产品，Auth0 的数据控制可能不如自托管解决方案，但它具备较高的安全性和可靠性。
- 开发成本：Auth0 易于使用，提供丰富的文档和 SDK，可降低开发成本。
- 费用：Auth0 有免费层，但高级功能需要付费。

3. Firebase Authentication

满足程度评估如下。

- 微信小程序集成能力：Firebase Authentication 支持微信登录，因此可以与微信小程序进行集成。
- 产品成熟度：Firebase 是 Google 提供的服务，稳定且被广泛使用。
- 数据可控：作为云服务，数据控制不如自托管解决方案，但提供了良好的安全性和便利性。

- 开发成本：提供了易用的 SDK 和简洁的 API，可以降低开发成本。
- 费用：Firebase Authentication 提供免费层，但超出某些限制后需要付费。

总结：如果您的首要考虑是数据可控和免费方案，同时不介意投入一些开发资源来集成微信小程序，那么 Keycloak 可能是最合适的选择。如果您更在意易用性和快速部署，并且愿意在必要时支付一些费用，Auth0 或 Firebase Authentication 可能更适合您的需要。但要注意，它们的免费层可能有一些限制。

大模型的建议明确，理由也很充分。根据这个建议，我们选择了 Keycloak 作为共享出行业务的认证授权解决方案。

4.4.4 容器化部署

在共享出行案例中，我们将采用容器化方式来部署每个服务和应用，并且通过 Kubernetes 平台完成容器的部署和调度。

1. 容器

容器化部署是现代化应用的标准解决方案。和传统的物理服务器部署方式相比，容器化部署提供了更高的效率和灵活性。在物理服务器部署中，应用直接运行在物理硬件上，依赖特定的操作系统和配置，应用间缺乏有效的隔离，而且资源利用率不高，不利于水平扩展。

虚拟机通过虚拟化整个操作系统，为每个应用提供了完整的操作系统环境。这种方法虽然可以实现强隔离，但也带来了较大的性能开销。而容器直接在宿主机的操作系统上运行，共享内核，只在用户空间级别提供隔离，这使得容器的体积更小，启动速度更快，且运行时资源消耗更低。

2. Kubernetes

虽然容器化技术已经很好地解决了环境一致性和资源共享等问题，但是容器化本身并不解决应用的生命周期管理和运维复杂性的问题。这就是 Kubernetes 等容器编排工具发挥作用的地方。

Kubernetes 是开源的容器编排平台，它允许用户在一组机器上部署容器化应用，并自动管理这些容器的生命周期。由于 Kubernetes 高度的自动化和灵活性，它极大地简化了容器化应用的部署、扩展和管理工作。它的典型优势包括下面几项。

- 自动化容器管理：Kubernetes 能够根据资源定义文件（YAML）的要求，自动部署、扩展和管理容器化应用。它还可以根据预设的策略自动扩展或收缩服务，保证应用始终运行在最优状态。
- 负载均衡与服务发现：Kubernetes 自带服务发现和负载均衡，可以根据性能情况在容器间灵活分配流量，也简化了服务之间的依赖和调用关系。
- 健康检查与自愈：Kubernetes 能够监控容器的健康状况，自动重启失败的容器，替换和重新调度那些不响应健康检查的容器，提升了系统的可靠性。

共享出行产品的部署结构如图 4.4 所示。

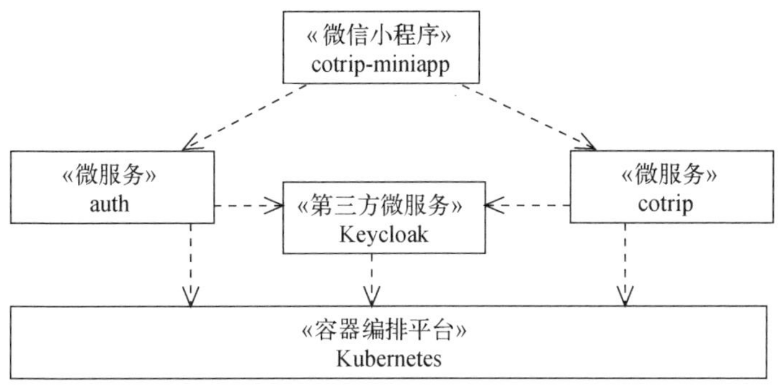

图 4.4　部署结构

其中，微信小程序托管在微信平台；auth 和 cotrip 以及开源的 Keycloak 镜像运行在 Kubernetes 平台上。

4.5　从构建一个空系统开始

有经验的开发者不会在第一步就动手实现业务功能，而是首先构建一个“什么功能都没有”的空系统。从空系统开始，是典型的演进式设计开发策略。

4.5.1　空系统并不是什么都没做

一个什么业务功能都没有的空系统，并不是真的什么都没有做。它保证了技术框架的可行性，消除了技术复杂性。

下面是开发一个新系统时需要完成技术验证的内容的部分示例。

- 架构和基础设施：应用哪个程序框架？使用什么基础设施服务？

- 测试基础设施和测试策略：采用什么测试框架？在哪些测试层次上运行测试？
- 开发和部署流程：如何完成自动化构建和部署？如何构建一个持续集成的流水线？
- 安全性：如何进行身份验证和授权？

通过构建空系统，我们实现了技术关注点和业务关注点的分离。在实现新功能之前，提前验证了技术框架、开发流程、监控机制、安全性等问题，从而消除了技术复杂性对开发工作的影响。

注意，即使是从空系统开始，也不是一次性地解决上述问题。我们同样遵循演进式设计原则，仅在必要时会把上述内容增加到系统中。通过这种“拉动”的策略，节省项目早期的宝贵时间和资源。

4.5.2　初始化 Spring Boot 项目

我们将使用 Spring Boot 构建 cotrip 服务，使用 Spring Initializer 网站来完成空项目的创建。这个项目需要包含一个 REST 接口，同时包含基于 Spring Data JPA 的数据库访问。

定义 Spring Initializer 配置方案如下：

```
* Project: Maven Project
* Language: Java
* Spring Boot: 3.1.2 (选择最新稳定版本)
* Project Metadata: cotrip.demo.leandesign.cn
* Java Version: 17
* 依赖：
    * Spring Web：它包含 Spring MVC 和 Tomcat，可以创建 Web 和 REST 应用
    * Spring Data JPA：它允许你使用 Spring 和 JPA 进行数据库访问
    * Spring Boot DevTools：它可以提供自动重启、热交换等便利的开发功能
    * H2 Driver（用于简单的单元测试和集成测试）、MySQL Driver（用于系统测试和生产环境）
```

Spring Initializer 依据要求，为我们创建好了新项目。使用 IDE（如 IntelliJ IDEA）打开项目，创建一个 REST 控制器类：

```
import org.springframework.web.bind.annotation.GetMapping;
import org.springframework.web.bind.annotation.RestController;

@RestController
public class ExampleController {
```

```
    @GetMapping("/hello")
    public String hello() {
        return "Hello, world!";
    }
}
```

接下来启动应用，访问http://localhost:8080/hello，就可以看到 REST 接口已经可用了。

如何用不熟悉的语言或框架启动一个项目？

如果你不熟悉 Spring 项目的创建过程，可以让大模型帮助你，试试下面的提示词：

请指导我创建一个 Spring 项目，包括详细的操作步骤。

4.5.3 搭建代码框架

接下来让我们遵循 DDD 的四层架构，实现初始的代码框架。

1. DDD 分层架构

图 4.5 给出了 DDD 的分层架构。它包括四层，分别是：接口层、应用层、领域层和基础设施层。

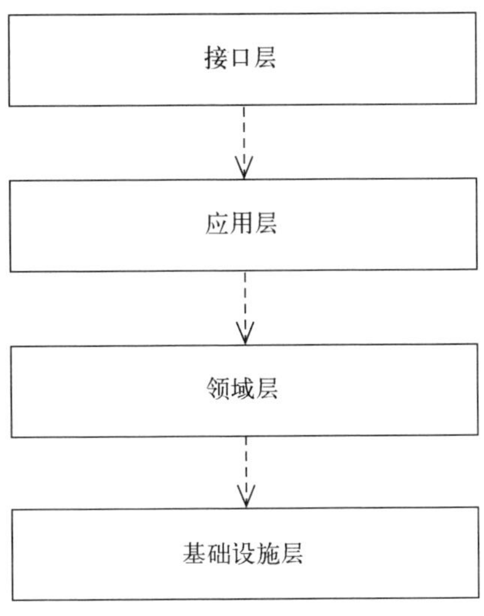

图 4.5 DDD 四层架构

- 接口层：负责提供对外服务。在共享出行案例中，API 的实现位于这一层。
- 应用层：关注系统的业务逻辑，它协调领域层的行为，和应用的任务及流程密切相关。
- 领域层：关注领域对象和领域逻辑。它非常稳定，和业务本质密切关联。在 DDD 中，实体、值对象、领域事件、领域服务、聚合、资源库和工厂全部位于这一层。
- 基础设施层：提供通用技术能力，例如与数据库的交互、网络通信和其他基础服务。

把 cotrip 项目的代码结构按照 DDD 的分层架构调整如下：

```
tree -L 3
.
├──cotrip
│   ├──CotripApplication.java
│   ├──controller                ## 接口层
│   ├──service                   ## 应用层
│   ├──domain                    ## 领域层
│   └──infrastructure            ## 基础设施层
├──geo
└──site
```

2. 用一个用例贯穿应用

下面通过一个简单的用例，来打通从接口到数据库的实现。首先在 domain 包中新建一个 user 目录，并创建一个用户实体，通过 JPA 可以实现用户数据的访问：

```
@Entity(name = "users")
@Data
@NoArgsConstructor
@Builder
@AllArgsConstructor
public class User {
    @Id
    @GeneratedValue(strategy=GenerationType.AUTO)
    private Long id;
    private String name;
}
```

这段代码使用了 Lombok 库简化实体类的编写，同时，我们使用了 JPA 注解来实现 Java 类与数据库表之间的映射。这里有一个细节，因为在 H2 数据库中 user 是保留字，所以我们把数据库表的名字重映射为 users。

接下来在同一个包中，利用 JPA 来配置一个数据库访问接口：

```
import org.springframework.data.repository.CrudRepository;
public interface UserRepository extends CrudRepository<User, Long> {
}
```

然后通过 application.properties 配置数据库连接。为了简单起见，我们先使用 H2 数据库：

```
spring.datasource.url=jdbc:h2:mem:cotrip
spring.datasource.driverClassName=org.h2.Driver
spring.datasource.username=sa
spring.datasource.password=password
spring.jpa.database-platform=org.hibernate.dialect.H2Dialect
```

现在让我们初始化一组虚拟的数据用于测试。创建一个 CommandLineRunner，该 Bean 将在应用启动时运行：

```
@Configuration
public class DatabaseInit {
    @Bean
    CommandLineRunner initDatabase(UserRepository repository) {
        return args -> {
            repository.save(User.builder().name("Alice").build());
            repository.save(User.builder().name("Bob").build());
        };
    }
}
```

接下来，让我们在 Controller 包中创建 UserController 类，其中包含一个 GET 访问接口：

```
@RestController
public class UserController {
    private final UserRepository userRepository;

    public UserController(UserRepository userRepository) {
        this.userRepository = userRepository;
    }
```

```
    @GetMapping("/users")
    public List<User> getAllUsers() {
        return (List<User>) userRepository.findAll();
    }
}
```

现在，重新启动应用，然后通过浏览器访问 http://localhost:8080/users，就可以获取上述的 2 个示例用户了。我们得到的响应如下：

```
[{"id":1,"name":"Alice"},{"id":2,"name":"Bob"}]
```

到目前为止，我们已经成功构建了一个完整的 Spring 应用。这个应用具备接口层、领域层和数据访问层。我们暂时没有涉及应用层，因为目前我们的重点在于验证 REST 接口与数据库之间的访问链路是否畅通，而应用层的实现与这一目标无关。

4.6　制定自动化测试方案

演进式设计意味着持续地进行设计改进、代码变更。如何降低变更成本、减少变更风险，是决定演进式设计能否顺利进行的基本问题。在这个问题上，自动化测试和持续集成扮演了重要的角色。

4.6.1　需要完备的自动化测试

自动化测试是演进式设计的防护网。如果没有完备的自动化测试，就无法确认添加新功能或重构是否影响了既有功能。所以，"需要完备的自动化测试"是共享出行产品开发的基本策略。图 4.6 展示了这个策略的实际执行结果：在某个版本上的自动化测试覆盖率。

Coverage: leansd in cotrip

Element	Class, %	Method, %	Line, %
cn	95% (61/64)	78% (167/212)	85% (353/415)
leansd	95% (61/64)	78% (167/212)	85% (353/415)
base	93% (30/32)	72% (63/87)	76% (124/162)
cotrip	100% (22/22)	85% (75/88)	91% (167/183)
application	100% (5/5)	96% (26/27)	98% (82/83)
controller	100% (2/2)	83% (5/6)	85% (12/14)
domain	100% (14/14)	81% (44/54)	85% (72/84)
CotripApplication	100% (1/1)	0% (0/1)	50% (1/2)
geo	75% (3/4)	76% (10/13)	88% (22/25)
site	100% (6/6)	79% (19/24)	88% (40/45)

图 4.6　共享出行的自动化测试覆盖率

可以看到我们达成了一个较高的测试覆盖率。这是如何做到的呢？其中的关键诀窍就是测试先行。

4.6.2　测试先行的开发策略

顾名思义，测试先行就是首先编写自动化测试代码，然后编写产品代码。与之相反的，是迄今为止大多数人仍然在采用的方式：首先编写产品代码，然后编写自动化测试代码。这种方式虽然看起来比较自然，但是非常低效，也很难达到较高的自动化测试覆盖率，因为可测试性是软件设计的一部分。如果一开始没有考虑软件的可测试性，那么编码完成之后，特别是软件经过长期演化之后，代码的职责和依赖关系都会非常复杂，补充测试的难度就会大增。

首先编写测试还有一个好处，它会让开发人员聚焦代码的外部行为而非实现。由于编写测试时还没有产品代码，开发人员的所有精力都在接口上，所以能用更多脑力来思考职责定义方面的问题。自动化测试的编写会迫使开发人员在开始写代码时就对代码要实现的功能有清晰的认识。

> “做什么”要比“怎么做”重要得多。

在大模型支持的软件开发中，测试先行有着更重要的意义。由于许多代码可以直接依赖大模型来生成，所以说清“代码应该做什么”就变得尤其重要。只要测试描述清晰，代码在绝大多数场景下都可以自动生成。

在共享出行案例中，广泛使用了测试先行作为开发策略。这既保证了测试覆盖率，也提高了软件开发效率。

4.6.3　选择有性价比的自动化测试方案

不同类型的测试成本是不同的。单元测试的测试范围较小，会隔离外部依赖，因此执行速度快，定位问题相对容易，成本也比较低。集成测试和系统测试的覆盖范围大，涉及面广，依赖也多，所以执行速度相对较慢，是一种成本较高的测试。一般而言，我们应该使用单元测试覆盖尽量多的细节场景，使用集成测试和系统测试覆盖模块间的交互场景以及端到端的业务场景。

在我们追求“纯粹”单元测试[①]的同时，也要结合具体场景，注重实效。在有些场景中，虽然测试的范围较小，但是数据在其中扮演了关键角色，如果没有数据库，就很难低成本地达成测试目标。

以“发布出行计划”这个测试为例，它的后置条件是“出行计划创建成功”。如果没有数据库，那么检查这个后置条件就只有一种方案：通过 Mock 工具的 verify 功能验证出行计划服务确实向数据库发送了一条存储消息。其实相比于这样的验证，去检查数据库或者查询出行计划，会更有实际价值。

当然，依赖数据库不意味着我们必须使用生产级别的数据库，那样依赖关系复杂，容易导致运行速度缓慢，而且还可能因为多个测试共享同一个数据库而彼此干扰。在这种情况下，内存数据库是一个不错的选择。

> 注重实效。如果需要，可以在单元测试场景下使用内存数据库。

内存数据库具备数据库的基本特性，在测试环境中能模拟绝大多数的数据库行为。同时，它启动迅速，可以做到数据隔离，在必须有数据库参与的测试场景中，是一个优选方案。测试策略如图 4.7 所示。

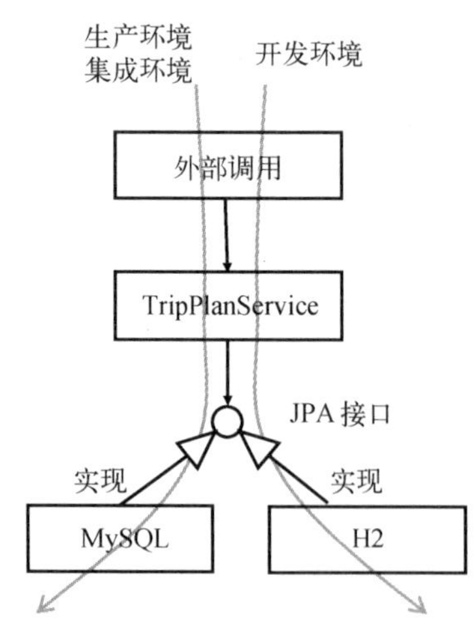

图 4.7 在开发环境使用 H2 数据库

① 这里“纯粹”指的是在单元测试中不包含任何外部依赖（例如数据库、Spring 框架等）。

在 Spring Boot 技术栈中，选择了在测试中包含数据库，就意味着它必须是一个SpringBootTest类型的测试。SpringBootTest是在一个类似于真实运行环境的上下文中测试代码，需要创建应用上下文，实例化 Beans，所需的资源和启动时间都比较长，所以，除非确实必须，否则还是应该优选成本更低的 JUnit 测试。

> 总是优先选择成本更低的测试。

总体来说，测试策略的选择需要综合考虑代码本身的复杂性导致的风险和演化带来的潜在风险，在达成测试目标的基础上，优先选择成本低、执行效率高的测试。

小练习

- 练习 1：选择你不熟悉的语言和技术栈，借助大模型，搭建一个具有良好层次结构的空系统。
- 练习 2：选择一个系统，考虑：它有哪些关键的质量属性？有哪些关键的架构风险？这个系统是怎样满足这些质量属性以及覆盖架构风险的？除了这样的设计，还有其他的设计选择吗？

第 5 章
实现核心域

本章我们将围绕“实现同起始地、同目的地共乘”这个业务目标，使用 3 个用户故事展示如何利用大模型的能力，基于 DDD、由外而内的开发、测试先行等软件工程实践，高效完成核心域的开发工作。3 个用户故事分别是：

- 发布出行计划；
- 撮合出行计划；
- 通过 WebSocket 发送通知。

5.1 用大模型辅助开发核心域

图 5.1 展示了核心域的开发过程。它以领域模型为起点，以需求为驱动，使用自动化测试和由外而内开发作为基本实现手段，持续迭代，构建高质量的领域层实现和应用层实现。在核心域开发的各个环节中，大模型都是有力的助手，我们可以利用它高效编写领域模型代码、自动化测试代码，以及产品代码。

- 第一步，用代码表达领域模型。我们采用 DDD 战术模式，把需求分析阶段获得的领域模型表达为代码。用代码表达的领域模型构成了领域层实现的基础，也便于后续自动化测试代码和产品代码的编写。
- 第二步，用自动化测试表达需求。我们将基于需求分析阶段的产出，把实例化的需求表达为自动化测试。这种自动化的测试让我们能够准确、无歧义地表达系统功能，为实现产品功能奠定良好的基础。
- 第三步，由外而内实现产品功能。首先我们要实现应用层，然后根据应用层的需要，确定领域层的职责，即应该提供的服务。这是一个由外而内、不断精炼的过程。

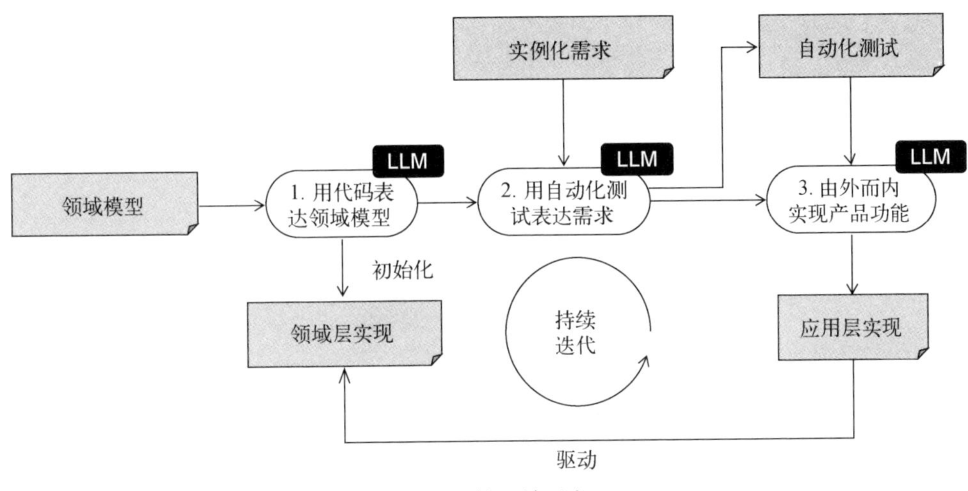

图 5.1 核心域开发

5.2 用代码表达领域模型

我们已经在第 3 章获得了初始版本的领域模型。从领域模型到领域层代码，这个“翻译过程”是非常直接的，我们可以利用大模型来完成这部分工作。

5.2.1 用大模型生成领域层代码

为了让大模型高质量地生成代码，我们尽量精确地给出输入。

提示

我使用 Spring Boot、JPA、Lombok、基于 DDD 的四层架构开发应用。我使用的 Java 的版本是 Java 17，JPA 相关的定义请使用 jakarta.persistence。现在我有一个需求，请帮助我编写领域层代码。

这是一个共享出行领域的应用。现在需要实现的是“出行计划（TripPlan）”，它是聚合根，数据结构如下：

- 出行信息（PlanSpecification）
- 状态（Status）

其中，出行信息（PlanSpecification）是一个值对象，包括如下数据：

- 起始地
- 目的地

- 计划出发时间
- 所需座位数[1]

“起始地”和“目的地”是 Embeddable 类型的对象，包括如下数据：

- 经度
- 纬度

“计划出发时间”（TimeSpan）是 Embeddable 类型的对象，包括如下数据：

- 开始时间
- 结束时间

这个输入包括了三方面的内容。首先，我们给出了所使用的语言、框架、架构模式等；然后，介绍了领域模型中所有的业务对象、对象属性以及对象之间的关系；最后，给出了每个对象的类型或实现要求，例如 TripPlan 是聚合根，出行信息是值对象，起始地和目的地是 Embeddable 类型对象等。

我们提出的要求越具体，大模型生成的代码质量就越高，也越符合我们的期望。下面是大模型输出的结果。

LLM

在基于 DDD 的四层架构中，我们会设计实体、值对象、聚合根等来构建领域模型。根据您的需求，我们首先定义“地点（Location）”作为一个嵌入式对象（Embeddable），然后定义“出行信息（PlanSpecification）”作为一个值对象，最后定义“出行计划（TripPlan）”作为聚合根。以下是领域层的代码实现，使用了 Lombok 库来自动生成常用方法（如 getter、setter 等），使用 Jakarta Persistence 2.2 API 来处理持久化。

1. 地点（Location）

```
import jakarta.persistence.Embeddable;
import lombok.EqualsAndHashCode;
import lombok.Getter;
import lombok.NoArgsConstructor;
import lombok.Setter;
```

① 还记得第 3 章最后的练习吗？在有些场景下，例如乘客带有婴儿的场景，“所需座位数”和“乘车人数”未必是相等的。在共享出行业务中，我们真正关心的是“所需座位数”，而不是“乘车人数”。

```
@Embeddable
@Getter
@Setter
@NoArgsConstructor  // JPA 需要无参构造器
@EqualsAndHashCode
public class Location {

    private double longitude;
    private double latitude;

    public Location(double longitude, double latitude) {
        this.longitude = longitude;
        this.latitude = latitude;
    }

    // 其他业务逻辑
}
```

2. 计划出发时间（TimeSpan）

```
import lombok.Getter;
import lombok.Setter;

import javax.persistence.Embeddable;
import java.time.LocalDateTime;

@Embeddable
@Getter
@Setter
public class TimeSpan {

    private LocalDateTime start;
    private LocalDateTime end;

// <构造函数和方法，略>
}
```

3. 出行信息（PlanSpecification）

```
import lombok.EqualsAndHashCode;
import lombok.Getter;
import lombok.NoArgsConstructor;
import lombok.Setter;

import java.time.LocalDateTime;

@Getter
@Setter
@NoArgsConstructor
@EqualsAndHashCode
public class PlanSpecification {

    private Location start;
    private Location destination;
```

```
    private TimeSpan plannedDepartureTime;
    private int requiredSeats;

    public PlanSpecification(Location start, Location destination, LocalDateTime
        plannedDepartureTime, int requiredSeats) {
        this.start = start;
        this.destination = destination;
        this.plannedDepartureTime = plannedDepartureTime;
        this.requiredSeats = requiredSeats;
    }

    // 其他业务逻辑
}
```

4. 出行计划（TripPlan）

```
import jakarta.persistence.Embedded;
import jakarta.persistence.Entity;
import jakarta.persistence.EnumType;
import jakarta.persistence.Enumerated;
import jakarta.persistence.GeneratedValue;
import jakarta.persistence.GenerationType;
import jakarta.persistence.Id;
import lombok.Getter;
import lombok.NoArgsConstructor;
import lombok.Setter;

@Entity
@Getter
@Setter
@NoArgsConstructor
public class TripPlan {

    @Id
    @GeneratedValue(strategy = GenerationType.AUTO)
    private Long id;

    @Embedded
    private PlanSpecification planSpecification;

    @Enumerated(EnumType.STRING)
    private Status status;

    public TripPlan(PlanSpecification planSpecification, Status status) {
        this.planSpecification = planSpecification;
        this.status = status;
    }

    public enum Status {
        PLANNED, STARTED, COMPLETED, CANCELLED
    }

    // 其他业务逻辑，如启动出行计划、取消出行计划等
}
```

以上代码基本正确，仅有一个小缺陷：start 和 destination 都以@Embedded 注解的方式引用了 Location，这会导致列名重复。当然，如果你没有发现这个问题，也不要紧，只需要运行这段代码，就可以从错误提示中发现这个问题。

下面我们把这个问题指出来，要求大模型进行纠正。

提示

start 和 destination 都是 Location 类型的对象且使用了@Embedded 注解，这会导致列名重复，请纠正。仅输出变更后的代码即可。

LLM

确实，当我们在同一个实体中嵌入两个或更多相同类型的嵌入式对象时，我们需要通过@AttributeOverrides 和@AttributeOverride 注解来区分它们在数据库表中的列名。以下是修正过的代码：

```
import jakarta.persistence.AttributeOverride;
import jakarta.persistence.AttributeOverrides;
import jakarta.persistence.Column;
import jakarta.persistence.Embedded;
import lombok.EqualsAndHashCode;
import lombok.Getter;
import lombok.NoArgsConstructor;
import lombok.Setter;

import java.time.LocalDateTime;

@Getter
@Setter
@NoArgsConstructor
@EqualsAndHashCode
public class PlanSpecification {

    @Embedded
    @AttributeOverrides({
        @AttributeOverride(name = "longitude", column = @Column(name = "start_longitude")),
        @AttributeOverride(name = "latitude", column = @Column(name = "start_latitude"))
    })
    private Location start;

    // <与上同，略>
    private Location destination;

    // <构造函数和其他方法，略>
}
```

通过这种方式，start 和 destination 的 Location 字段会被映射到数据库不同的列中，避免了列名冲突的问题。

现在我们已经完成了领域层代码的编写。由于 JPA 的强大能力，只需要运行 Spring 应用，领域层的对象就会被自动映射为数据库的表结构。让我们启动应用，来检验一下成果。

在浏览器中输入 http://localhost:<your_port>/h2-console/，就可以看到如图 5.2 所示的 `TripPlan` 表的结构了。

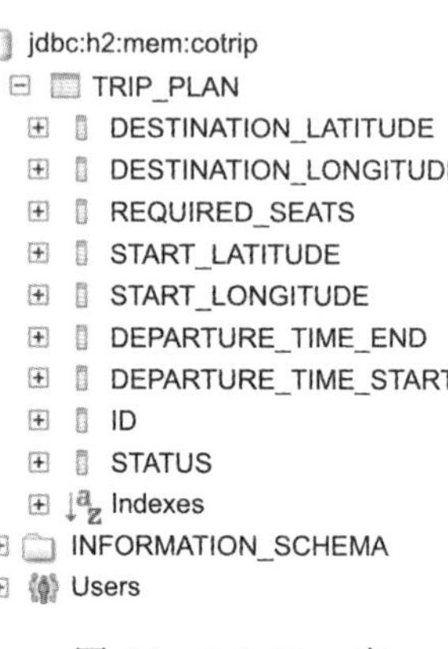

图 5.2　`TripPlan` 表

5.2.2　理解 DDD 战术模式

在上一节中，我们与大模型的协作相当顺利，这是因为我们和大模型都能理解 DDD 战术模式的相关术语。现在，让我们结合前述案例，简要介绍相关的背景知识。

1. 4 种基本构造块

实体、值对象、领域服务和领域事件是 DDD 中定义的 4 种构造块。例如，我们在给大模型的提示中，要求把 `PlanSpecification` 实现为**值对象**，把 `TripPlan` 实现为 `TripPlan` **实体**①。

实体

实体代表了那些随着业务过程的推进而发生变化的对象。用户发布出行计划时，`TripPlan` 处于 `WAITING_MATCH` 状态，一旦匹配成功，则进入 `JOINED` 状态；如果用户取消出行计划，则被更改为 `CANCELLED` 状态。虽然对象一直都是同一个对象，但是它的状态经常变化。对象状态的变化，本质上是业务过程推进的表现。

---

① DDD 中的“实体”和 JPA 中的“实体”是不同的概念，请注意区分。

值对象

值对象的作用和实体对象完全不同。值对象用于描述其他对象或者表示对象的某种状态。PlanSpecification 就是一个值对象，它描述了出行计划中与出行有关的数据。值对象的属性和这个对象的意义密切相关。以 PlanSpecification 为例，只有出发时间、起始地、目的地等属性完全相同时，这个对象 PlanSpecification 才是它自身。如果其中的属性更改了，这个更改后的 PlanSpecification 也就不再是原来的 PlanSpecification 对象了。

仔细观察大模型生成的代码，就会发现大模型采用了不同的方式来实现实体和值对象。在 PlanSpecification 对象中，大模型给它自动增加了@EqualsAndHashCode 注解，它表达的意义是：只有所有的属性相同，两个对象才是相同的。而 TripPlan 的相同条件就没有用到属性，仅基于 ID 来做判断。这是因为，实体对象是随时变化的，所以我们必须使用唯一的 ID 来检索对象、跟踪对象。

考虑到会有众多的实体对象和值对象，我们有必要把上述策略实现为框架代码。这样，既有效表达了每个对象的类型，也通过框架代码建立了实现约束。对抽象类 DomainEntity（代表实体对象）和 ValueObject（代表值对象）的定义如下。

```
public abstract class DomainEntity {
    @Id
    private String id;
    protected DomainEntity() {
        this.id = UUID.randomUUID().toString();
    }

    public boolean equals(Object o) {
        if (this == o) return true;
        if (o == null || getClass() != o.getClass()) return false;
        DomainEntity that = (DomainEntity) o;
        return Objects.equals(id, that.id);
    }

    public int hashCode() {
        return id != null ? id.hashCode() : 0;
    }
}
public abstract class ValueObject {
    public abstract boolean equals(Object o);
    public abstract int hashCode();
}
```

这样，PlanSpecification 就可以精确地表达为：

```
public class PlanSpecification extends ValueObject {/*<代码略>*/}
```

当读者看到这段代码的时候，就会一目了然：PlanSpecification 是一个值对象。这样的表达方式进一步提升了代码的可读性。

领域服务

我们暂时还没有用到领域服务，不过它很快就会出现了。在 5.4 节，我们就会用到一个名为 CoTripMatchingService 的领域服务来撮合出行计划。

和实体、值对象不同，领域服务不持有数据，也没有状态，它代表某种业务策略，或者需要被执行的某种业务活动。比如我们要把两个距离相近、出发时间相近的 TripPlan 撮合到一起，形成一个“共乘（CoTrip）”，就需要一个对象来承担这个职责。这个职责既不适合分配给 TripPlan，也不适合分配给 CoTrip，因为 TripPlan 是撮合的输入，CoTrip 是撮合的结果。

撮合服务应该被封装为一个单独的对象。这个对象的职责是获取待匹配的 TripPlan，按照某种匹配策略撮合它们，形成一个 CoTrip。像这类为了某种业务策略或业务活动而单独存在的对象，就是领域服务。

领域事件

事件是业务推进过程中的重要概念。我们已经在第 2 章中介绍过业务事件，它在领域层的实现就需要通过领域事件来表达。在共享出行中，出行计划已发布和撮合已成功就是典型的领域事件。

和 DomainEntity、ValueObject 类似，我们也可以定义一个公共的事件类：

```
public abstract class DomainEvent {
    private String id;
    private final Instant occurredOn;
    public DomainEvent() {
        this.id = UUID.randomUUID().toString();
        this.occurredOn = Instant.now();
    }
    public Instant getOccurredOn() {
        return occurredOn;
    }
    // equals 和 hashCode 代码略（仅对比 ID）
}
```

其中，ID 是事件的唯一标识，occurredOn 记录了事件发生的时间。

2. 大粒度对象：聚合

虽然 DDD 的 4 种构造块足以覆盖领域模型中所有的对象，但是这些对象之间的关系并不是同等“亲近”的。有些对象天然是“一簇”，和一部分对象之间的距离较近，和另外一部分对象之间的距离则较远。读者仔细观察图 3.7 就会发现，“出行计划”“出行信息”“发布人”这些对象密切相关，它们形成了一个“对象簇”。这也就是“聚合”一词的来源。

> 把密切相关的对象组织到一起，形成聚合。

聚合把密切相关的对象组织到一起，形成了更大粒度的对象。但是，聚合不仅是把小对象打包成大对象这么简单，它还有更重要的意义：**保证业务的完整性**。

聚合是业务完整性的基本单元

让我们仍然以 TripPlan 为例来说明。

从业务逻辑上看，TripPlan 和 PlanSpecification 的关系是很紧密的。如果 TripPlan 已经通过撮合加入了一个 CoTrip，这个出行计划的出发时间、起始地就不能更改了，如果要更改，只能取消 TripPlan。

缺乏经验的设计者可能会同等对待 PlanSpecification 和 TripPlan，例如只要能通过数据库查询到 PlanSpecification 的数据，就可以直接修改它。这样，就需要密切关注究竟在哪些地方修改了 PlanSpecification 的数据，然后在这些地方分别加入逻辑校验，避免意外的修改。在实践中，要做到这一点是非常困难的。一不小心，就容易在某个地方遗漏这个逻辑，导致意想不到的错误。

正确的做法是把 PlanSpecification 封装到 TripPlan 内部。虽然我们允许访问者读取 PlanSpecification 的数据，但是任何修改都必须经过 TripPlan。由于有了 TripPlan 这个“守门员”，我们就不再担心 TripPlan 状态和 PlanSpecification 数据之间的一致性问题了。这个围绕着 TripPlan 的对象簇，就是聚合，“守门员”TripPlan 对象就是这个聚合的聚合根。

用工厂和资源库封装聚合的创建和查询

TripPlan 聚合是具有业务完整性的整体，其中包括的对象之间存在关联，所以它们的创建和查询也需要被整体封装，否则就无法保证聚合的完整性。在 DDD 战术模式中，工厂和资源库的目的就是对聚合的创建和查询进行封装。

使用 ID 对象断开彼此无关的聚合

在 5.2.1 节中，我们刻意忽略了领域模型中的一个关联：出行计划的“发布人”应该如何表达？请读者思考一下，如果这个关系表达为如下的代码，会有什么问题呢？

```
public class TripPlan {
    @ManyToOne
    private User creator;
    /* 其他对象属性 */
}
```

从业务概念上看，TripPlan 直接引用 User 对象是合理的，但是在代码层面，这样的设计会破坏聚合的封装性。这是因为在这样的结构中，creator 对象的数据可以通过 TripPlan 直接修改，那么，任何其他引用 User 对象的对象也可以修改 User 对象，User 对象成了一个可以被多处修改的对象，很难保证数据的完整性和一致性。

我们需要意识到，TripPlan 对象和 User 对象的关系并不像看起来那么密切。为了表达“谁创建了这个 TripPlan”这样的信息，只需要一个简单的 creatorId 就搞定了，其他的用户信息，例如姓名、性别、手机号等，其实和 TripPlan 的业务意义并不直接相关。当我们确实需要读取用户详细信息时，只需要根据这个 ID 到 UserRepository 中读取。因此，我们完全没有必要把 User 对象封装到 TripPlan 聚合中，只需要建立一个它们的引用。这个引用关系，就是 UserId。

综合上述信息，与出行计划相关的部分可以展开成如图 5.3 所示的设计结构。

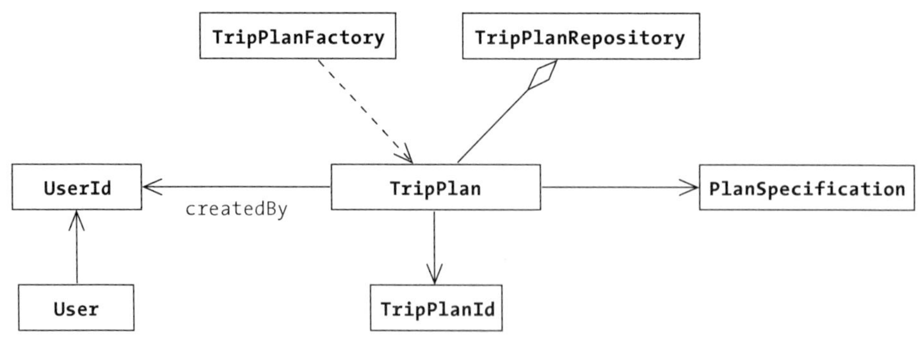

图 5.3 在实现域展开领域对象

其中，TripPlan 不与 User 直接相连接，而是通过 createdBy 属性指向了 UserId。同理，我们也剥离出了 TripPlanId 对象，供其他聚合引用。TripPlanFactory 和 TripPlanRepository 是根据 DDD 战术模式增补的对象，它们服务于聚合的创建和存储。

5.3 发布出行计划

现在让我们来实现第一个用户故事：发布出行计划。这个用户故事的实现过程体现了许多关键实践，其中既涉及测试先行、六边形架构、Spring 事件机制的特殊性以及和事务的耦合等技术话题，也有使用大模型帮助编写产品代码、测试代码、纠正错误的相关案例。请读者在阅读过程中加以留意。

5.3.1 基于需求编写测试代码和产品代码

我们已经在 3.5 节采用实例化需求的方式明确了发布出行计划的需求。在这个基础上，采用大模型来辅助编写自动化测试就非常顺畅了。

提示

我们已经有了 TripPlan 的定义。现在，我希望你以测试先行的方式，实现如下需求：

用户给出行程的起始地、目的地、计划出发时间和所需座位数，发布行程。行程发布成功后，应该触发 TripPlanCreatedEvent。在数据库中可以查到新发布的 TripPlan。

测试要求如下：

- 本测试的被测对象是 TripPlanService；
- 由于在这个场景中写入数据库是一个关键诉求，所以请使用 SpringJUnitRunner；
- 测试完成后需要清空数据库（请使用 DirtyContext）。

输入数据应该是一个 DTO 对象，如果测试需要的对象不存在，请你直接创建它们。

“发布出行计划”是一个较为简单的需求，提示词的编写也相对简单。在 5.4 节，读者将会看到更为复杂的需求提示词。

LLM

当然，我们可以编写一个使用 JUnit 进行测试的例子。这里的测试会覆盖创建 TripPlan 的场景，并确保 TripPlanCreatedEvent 被触发，同时还会检查数据库中的 TripPlan 是否已经被正确保存。最后，使用@DirtiesContext 确保每个测试完成之后都会清空数据库环境。

首先，我们先创建一些必要的对象和接口：

```
public class TripPlanCreatedEvent {
    private String tripPlanId;
    public TripPlanCreatedEvent(String tripPlanId) {
        this.tripPlanId = tripPlanId;
    }
    // getters and setters
}
@Data
@NoArgsConstructor
@AllArgsConstructor
public class LocationDTO {
    // <代码略>
}

@Data
@NoArgsConstructor
@AllArgsConstructor
public class TripPlanDTO {
    // <代码略>
}
@Service
public class TripPlanService {
    @Autowired
    private TripPlanRepository tripPlanRepository;
    @Autowired
    private ApplicationEventPublisher eventPublisher;

    public TripPlan createTripPlan(TripPlanDTO tripPlanDTO) {
        Location departureLocation = new Location(tripPlanDTO.getDepartureLocation().getLatitude(),
            tripPlanDTO.getDepartureLocation().getLongitude());
        Location arrivalLocation = new Location(tripPlanDTO.getArrivalLocation().getLatitude(),
            tripPlanDTO.getArrivalLocation().getLongitude());

        TripPlan tripPlan = new TripPlan(UUID.randomUUID().toString(), departureLocation,
            arrivalLocation, tripPlanDTO.getPlannedDepartureTime(), tripPlanDTO.
            getFlexibleWaitTime());
        tripPlanRepository.save(tripPlan);

        eventPublisher.publishEvent(new TripPlanCreatedEvent(tripPlan.getId()));

        return tripPlan;
    }
    // 其他服务方法
}
```

现在，我们可以编写一个 JUnit 测试用例来测试这个需求：

```
@RunWith(SpringRunner.class)
@SpringBootTest
@DirtiesContext(classMode = DirtiesContext.ClassMode.AFTER_EACH_TEST_METHOD)
public class TripPlanServiceTest {
    @Autowired
    private TripPlanService tripPlanService;
    @Autowired
    private TripPlanRepository tripPlanRepository;

    @MockBean
    private ApplicationEventPublisher eventPublisher;

    @Test
    public void testCreateTripPlan() {
        // 创建测试数据
        LocationDTO departureLocation = new LocationDTO(31.240084, 121.501868);
        LocationDTO arrivalLocation = new LocationDTO(31.232862, 121.472768);
        TripPlanDTO tripPlanDTO = new TripPlanDTO(departureLocation, arrivalLocation,
            LocalDateTime.now().plusHours(2), 30);

        // 模拟事件发布
        doNothing().when(eventPublisher).publishEvent(any(TripPlanCreatedEvent.class));

        // 调用服务方法
        TripPlan tripPlan = tripPlanService.createTripPlan(tripPlanDTO);

        // 验证数据库保存
        Optional<TripPlan> retrievedTripPlan = tripPlanRepository.findById(tripPlan.getId());
        assertTrue(retrievedTripPlan.isPresent());
        assertEquals(tripPlan.getId(), retrievedTripPlan.get().getId());

        // 验证事件发布
        verify(eventPublisher).publishEvent(any(TripPlanCreatedEvent.class));
    }
}
```

这个测试用例首先创建了起始地和目的地的 Location 对象，并将其保存到数据库中。然后，它使用这些地点创建了一个 TripPlanDTO 对象，并调用 TripPlanService 的 createTripPlan 方法。最后，它验证了新的 TripPlan 对象已经保存到数据库中，并且 TripPlanCreatedEvent 已经发布。

注意，这里我们使用了@MockBean 来模拟 ApplicationEventPublisher，这样我们就可以轻松地验证是否触发了事件。同时，我们使用了@DirtiesContext 注解来确保测试之后的数据库清理。这样，每个测试都会在干净的环境中运行，确保测试之间没有副作用。

这个测试示例覆盖了你提到的主要需求，并提供了一个坚实的基础，可以根据你的具体需求和代码结构进行扩展和调整。

我们可以看到，大模型给出了一个非常完整的输出，包括数据结构的定义、服务接口的定义，以及对应的自动化测试。我们的本意是先编写测试代码，然后编写产品代码，但大模型已经同步实现了测试代码和产品代码。

5.3.2 修复大模型输出中的问题

大模型在 5.3.1 节中生成的代码大部分是正确的，不过在如何监听 Spring 事件上存在瑕疵。如果直接运行 5.3.1 节的测试代码，是没法监听到期望的事件的。

原因在于 Spring 框架处理事件的特殊方式。在 Spring 中，ApplicationEvent-Publisher 并不是一个常规的 Bean，它由 Spring 的 ApplicationContext 管理，因此不能使用常规的@MockBean 来模拟 ApplicationEventPublisher。Spring 提供了专门用于 ApplicationEventPublisher 的事件测试机制，具体做法是利用 RecordApplicationEvents 记录事件并进行断言[①]。现在，让我们把这个信息输入大模型。

提示

你使用 MockBean 来验证触发事件的方法是不正确的。请使用@RecordApplication-Events 机制进行验证。你需要重新编写 createTripPlan 对应的测试，验证确实收到了 TripPlanCreatedEvent 事件，仅输出变更部分的内容即可。

LLM

确实，Spring 提供了@RecordApplicationEvents 注解，这是一种更高级的机制，用于记录并审查发布的应用事件。这个注解允许你在测试期间捕获发布的事件，这样你就可以很容易地验证预期的事件是否已经被发布。

以下是使用@RecordApplicationEvents 来重写 createTripPlan 方法的测试，验证是否真的发布了 TripPlanCreatedEvent 事件。这是使用@RecordApplicationEvents 的测试代码片段：

```
public class TripPlanServiceTest {

    @Autowired
    private TripPlanService tripPlanService;
```

① 对这个主题不熟悉的读者，也可以利用大模型来学习相关知识。

```
    // 注入 ApplicationEvents 来审查事件
    @Autowired
    private ApplicationEvents applicationEvents;

    @Test
    public void testCreateTripPlanPublishesEvent() {
        // 其他测试逻辑，如创建 TripPlan 所需的参数

        tripPlanService.createTripPlan(/* necessary arguments */);

        // 验证 TripPlanCreatedEvent 已经被发布
        assertThat(this.applicationEvents.stream(TripPlanCreatedEvent.class))
                .isNotEmpty()
                .hasSize(1)
                .allMatch(event -> event instanceof TripPlanCreatedEvent);
        // 你可以添加更多的匹配逻辑，例如验证事件的具体内容
    }
}
```

从大模型的响应中可以看到，大模型准确理解了我们的意图，基本完成了代码修改[①]。我们只需要加入少许的特定验证（例如验证 TripPlan 的 status），就可以获得完整、正确的自动化测试代码。

5.3.3 事件和事务耦合

现在，让我们深入探讨一个关键细节。在大模型给出的实现中，TripPlanCreatedEvent 是在 TripPlanService 的 createTripPlan 方法中触发的。虽然这种逻辑看起来很合理，但实际上有潜在风险。这就是典型的事件和事务的耦合问题。

事件和事务的耦合问题是这样发生的：createTripPlan 可能是某个事务的一部分，由于我们在 createTripPlan 中触发了事件，事件已经进入系统并且被其他事件监听方处理。但是，这时候事务还没有提交。一旦出错导致事务回滚，这些已经被发出的事件就会引发不一致问题。

在 Spring 框架中，有针对这一问题的成熟解决方案，如图 5.4 所示。

---

① 代码路径：cotrip/src/test/java/cn/leansd/cotrip/application/plan/TripPlanServiceTest.java。

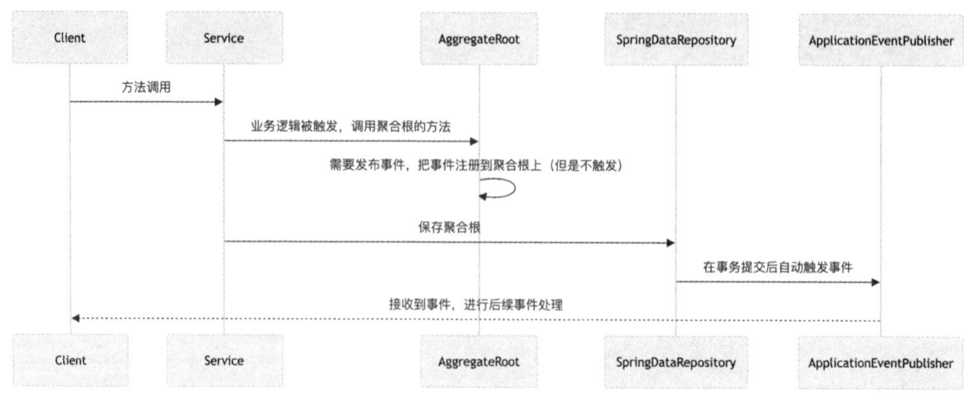

图 5.4 Spring 框架的领域事件触发方案[①]

按照图 5.4 的策略，事件不是在 createTripPlan 内部触发的，而是先把事件缓存在聚合根（也就是 TripPlan）上。当事务提交时，Spring 检索所有被存储的聚合根中的缓存事件，完成实际的事件触发。这样，万一事务回滚，这些缓存的事件无须发出，也就保证了数据库中的数据和对外触发事件是一致的。

下面按这个策略修改产品代码：

```
public class TripPlan extends AbstractAggregateRoot<TripPlan> {
    /* <代码略> */
}
@Transactional
public TripPlanDTO createTripPlan(TripPlanDTO tripPlanDTO, UserId creatorId) {
    PlanSpecification spec = tripPlanDTO.getPlanSpecification();
    TripPlan tripPlan = TripPlanFactory.make(creatorId,spec);
    tripPlanRepository.save(tripPlan);
    return TripPlanConverter.toDTO(tripPlan);
}

public class TripPlanFactory {
    public static TripPlan make(UserId creatorId, PlanSpecification spec) {
        TripPlan plan = new TripPlan(creatorId, spec);
        plan.registerEvent(new TripPlanCreatedEvent(TripPlanConverter.toDTO(plan)));
        return plan;
    }
}
```

通过这种机制，我们很好地解决了事件发布和事务之间的耦合问题。当然，这种方案不是没有缺点，它在事件发布和 Spring 的机制之间建立了一个紧密的耦合。我在

① 本图由大模型绘制。

本章的最后设置了一个练习，读者可以利用大模型进一步探索优化方案。

5.3.4 实现 API

至此，我们已经实现了出行计划的核心功能，但它所提供的服务还没法被外部访问。现在让我们考虑外围部分。

这种先实现核心业务逻辑再考虑外围实现的策略，就是六边形架构的核心思想。六边形架构也被称为“端口-适配器”模式，它的典型结构如图 5.5 所示。中间的“应用”代表核心的领域逻辑或者应用逻辑，也就是我们前面已经完成的实现。

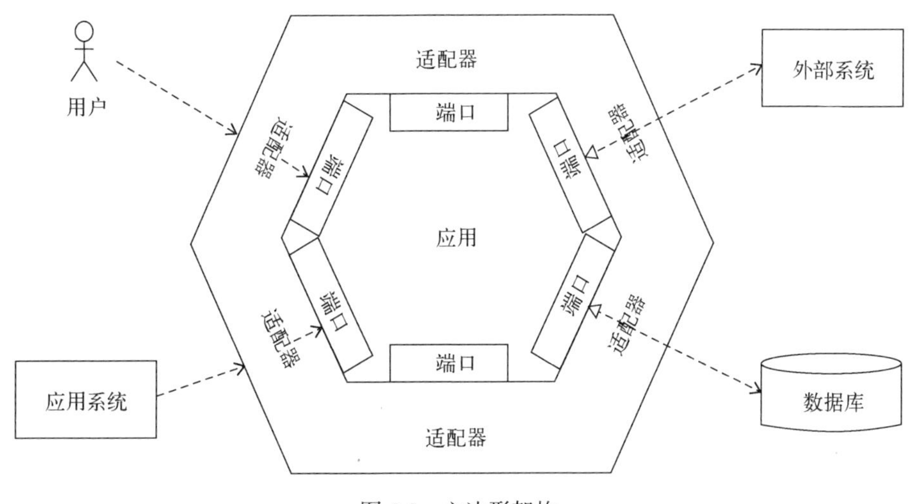

图 5.5 六边形架构

为了让核心的应用逻辑可以和外部系统协同，我们需要增加 REST API，实现和前端的配合。下面继续使用大模型的能力完成基础编码工作。

> **提示**
>
> 我有一个服务层接口如下：<TripPlanService 的代码，略>
>
> 请为 TripPlanService 创建一个 REST API，我希望路径是/trip-plan。

这个提示巧妙借用了已完成的工作：既然我们已经完成了 `TripPlanService` 的实现，就可以直接把这个实现输入大模型。这样，大模型就能精准地理解我们对外提供的服务，从而在这个基础上生成 `Controller` 层的代码了。

LLM

下面是使用 Spring Boot 构建的基于上述服务接口的 REST API 的示例：

```
@RestController
@RequestMapping("/trip-plan")
public class TripPlanController {

    private final TripPlanService tripPlanService;

    @Autowired
    public TripPlanController(TripPlanService tripPlanService) {
        this.tripPlanService = tripPlanService;
    }

    @PostMapping
    public ResponseEntity<TripPlan> createTripPlan(@RequestBody TripPlanDTO tripPlanDTO,
@RequestParam("user-id") String creatorId) {
        TripPlan createdTripPlan = tripPlanService.createTripPlan(tripPlanDTO, new
UserId(creatorId));
        return new ResponseEntity<>(createdTripPlan, HttpStatus.CREATED);
    }
}
```

这里有一个小问题，createTripPlan 函数的返回值不应该是 TripPlan，我们将其修改为 TripPlanDTO 后，这段代码就可以直接使用了。

现在，让我们来测试一下新生成的 REST API：

```
$ curl -i --request POST 'http://localhost:8088/trip-plan?user-id=user-1' \
--header 'Content-Type: application/json' \
--data-raw '{
  "planSpecification": {<出行计划的测试数据，略>},
 }
'
HTTP/1.1 201
{"id":"ce1aac5c-5723-46f4-8f40-644f0ae96e80","planSpecification":{<返回的出行计划数据，
略>},"status":"WAITING_MATCH"
```

HTTP 的返回码是 201，说明出行计划已经创建成功。

5.4 撮合出行计划

现在我们来实现第二个用户故事：撮合出行计划。这个用户故事相对复杂，它不仅展示了大模型辅助编码的能力，也对以下问题进行了解答。

- 如何综合考虑测试目标和测试成本，选择合适的自动化测试框架？
- 不良的设计如何影响可测试性，以及我们可以采取怎样的应对策略？
- 如何由外而内、逐层驱动出设计契约，实现出行计划的撮合功能？
- 如何通过定义抽象接口和适配器，减少与外部服务的耦合？
- 如何使用 Mockito 拦截外部调用并验证调用参数？

5.4.1 从实例化需求到自动化测试

我们仍然从编写自动化测试开始。把 3.5 节产出的实例化需求输入大模型，直接生成测试代码。以“如果出发时间不一致，则无法匹配”这条规则为例。

提示

我有一组 Given-When-Then 形式表达的测试用例，希望你把它们转换为自动化单元测试。

请使用 JUnit5，被测的对象是 CoTripMatchingService，它的被测试方法是 receivedTripPlanCreatedEvent(TripPlanCreatedEvent event)，如果创建成功，我们将会监听到 CoTripCreatedEvent，否则不会收到该事件。

发布出行计划的方法是 new TripPlan(UserId userId, PlanSpecification planSpecification)，其中创建 PlanSpecification 的例子是：

```
new PlanSpecification(orientalPear, peopleSquare, TimeSpan.builder()
            .start(Y2305010800)
            .end(Y2305010830)
            .build()
```

被测试的业务规则是：如果出发时间不一致，则无法匹配。

```
Given
- 出行计划 A：起始地-地标 1，目的地-地标 2，时间段-08:00-09:00，座位数-1，状态-待撮合
- 出行计划 B：起始地-地标 1，目的地-地标 2，时间段-09:00-10:00，座位数-1，状态-待撮合

When
- 发布出行计划 B

Then
- 出行计划 A 和 B 无法匹配成共乘
```

和前面的例子类似，我们在本提示中说明了需要大模型完成的任务、实现约束（JUnit5）、被测对象（CoTripMatchingService）等信息并给出了所需实现的测试用例。

LLM

首先，基于提供的信息，我们可以为 CoTripMatchingService 编写一个 JUnit5 单元测试。这个测试主要关注时间不一致的两个出行计划，所以我们期望它们无法匹配。

为了模拟和验证事件，我将使用 Mockito 来模拟事件发布，用 ArgumentCaptor 来捕获和验证发送的事件。下面是测试类的示例代码：

```
@SpringBootTest
public class CoTripMatchingServiceTest {
    @Autowired
    private CoTripMatchingService coTripMatchingService;
    @MockBean
    private ApplicationEventPublisher eventPublisher;
    @Captor
    ArgumentCaptor<CoTripCreatedEvent> coTripEventCaptor;

    @Test
    public void testMismatchedTimeTripsCannotMatch() {
        // Given
        Location landmark1 = new Location(/* Parameters for landmark 1 */);
        Location landmark2 = new Location(/* Parameters for landmark 2 */);
        PlanSpecification planSpecA = new PlanSpecification(
            landmark1,
            landmark2,
            TimeSpan.builder()
                .start("08:00")
                .end("09:00")
                .build()
        );
        TripPlan tripPlanA = new TripPlan(/* UserId A */, planSpecA);

        // 模拟 tripPlanA 已经被创建
        coTripMatchingService.receivedTripPlanCreatedEvent(new TripPlanCreatedEvent(tripPlanA));

        PlanSpecification planSpecB = new PlanSpecification(
            landmark1,
            landmark2,
            TimeSpan.builder()
                .start("09:00")
                .end("10:00")
                .build()
        );
        TripPlan tripPlanB = new TripPlan(/* UserId B */, planSpecB);

        // When
        coTripMatchingService.receivedTripPlanCreatedEvent(new TripPlanCreatedEvent(tripPlanB));
```

```
        // Then
        verify(eventPublisher, times(0)).publishEvent(coTripEventCaptor.capture());
        // 验证没有 CoTripCreatedEvent 被发布
        assertThat(coTripEventCaptor.getAllValues()).isEmpty();
    }
}
```

这个结果值得讨论。在我们给大模型的提示中，明确要求输出 JUnit5 单元测试。但是，大模型输出了一个 Spring 集成测试（@SpringBootTest）。我们这个测试的目标是撮合策略，普通的单元测试就已经足够，为什么大模型采用了成本更高的 Spring 集成测试呢？

经过研究，我发现这是因为提示词中对事件验证的要求干扰了大模型的判断，大模型认为事件验证是一个系统级别的行为。根据 5.3.3 节的讨论，我们只需要验证 CoTrip 聚合根中包含了 CoTripCreatedEvent 就能够等价地判断事件已经被成功触发。基于这个原则，我们可以告诉大模型，应该这样验证“事件已发布”：

提示

你使用了@SpringBootTest，我希望你把它改成普通的 JUnit 测试。CoTripMatchingService 撮合成功后，它会把新创建的 CoTrip 聚合存入到 CoTripRepository 中。验证是否产生 CoTripCreatedEvent 的方法是：

1. 新创建的 CoTrip 对象被保存（通过检查是否调用了 CoTripRepository.save()方法验证）;
2. 被保存的 CoTrip 对象中包含了 CoTripCreatedEvent 这个事件。

LLM

了解了，如果您想使用标准的 JUnit 测试并且 CoTripMatchingService 在匹配成功后会存储 CoTrip，我们可以通过模拟 CoTripRepository 来检查是否有尝试保存操作。下面是一个修改后不使用@SpringBootTest 的版本：

```
public class CoTripMatchingServiceTest {
    private CoTripMatchingService coTripMatchingService;
    @Mock
    private CoTripRepository coTripRepository;
    @Captor
    private ArgumentCaptor<CoTrip> coTripCaptor;
```

```
    @BeforeEach
    public void setUp() {
        MockitoAnnotations.openMocks(this);
        coTripMatchingService = new CoTripMatchingService(coTripRepository);
    }

    @Test
    public void testMismatchedTimeTripsCannotMatch() {
        // Given-When 部分保持不变

        verify(coTripRepository, never()).save(coTripCaptor.capture());
        assertThat(coTripCaptor.getAllValues()).isEmpty();
    }
}
```

在这个版本中，我们没有使用 Spring Boot 的测试功能，而是直接使用 Mockito 来创建一个模拟的 CoTripRepository。@BeforeEach 注解的方法会在每个测试方法之前运行，用于设置测试环境。

当 receivedTripPlanCreatedEvent 方法被调用时，我们不期望 coTripRepository 的 save 方法被调用，因为两个行程的时间不匹配。我们使用 never 来验证 save 方法从未被调用过，并且确认没有 CoTrip 被保存。

LLM 准确理解了我们的意图，给出了改进后的自动化测试代码。

5.4.2 由外而内实现系统功能

我们已经写完了第一个自动化测试，现在是时候开始编写产品代码了。让我们采用由外而内的策略来完成产品代码的编写。由外而内意味着从外层最具确定性的需求出发，先编写外层实现，在实现过程中推演出对于被依赖方的要求。

首先从最外围的业务需求开始。根据 5.4.1 节中自动化测试所定义的实现目标，编写 CoTripMatchingService 类的 receivedTripPlanCreatedEvent 方法如下：

```
public void receivedTripPlanCreatedEvent(TripPlanCreatedEvent event) throws
InconsistentStatusException {
    CoTrip coTrip = matchExistingTripPlan(event.getData());
    if (coTrip!=null){
        matchSuccess(event,coTrip);
    }
}
```

其中，receivedTripPlanCreatedEvent 是主入口，它负责接收 TripPlanCreatedEvent，然后

进行匹配。如果匹配成功，则执行匹配后的动作。matchExistingTripPlan 和 matchSuccess 分别实现了匹配策略和匹配后的动作。

手动编写 matchExistingTripPlan 和 matchSuccess 的框架代码：

```
private CoTrip matchExistingTripPlan(TripPlanDTO tripPlan) {
    List<TripPlan> tripPlans = tripPlanRepository.findAllMatchCandidates();
    if (tripPlans.size() == 0) return null;
    List<String> matchedTripPlanIds = new ArrayList<>();
    for (TripPlan plan : tripPlans) {
        if (plan.getId().equals(tripPlan.getId())) continue;
        if (departureTimeNotMatch(plan, tripPlan)) continue;
        if (exceedMaxSeats(plan, tripPlan)) continue;
        if (startLocationNotMatch(plan, tripPlan)) continue;
        if (endLocationNotMatch(plan, tripPlan)) continue;
        matchedTripPlanIds.add(plan.getId());
        break;
    }
    if (matchedTripPlanIds.size() == 0) return null;
    matchedTripPlanIds.add(tripPlan.getId());
    return CoTripFactory.build(matchedTripPlanIds);
}

private void matchSuccess(CoTrip coTrip) {
    // 待实现
}
```

其中，matchExistingTripPlan 代码已经清晰表述了出行计划匹配的策略。下面我们实现几个具体的匹配规则。

出发时间匹配规则

如何实现 departureTimeNotMatch 方法呢？这就需要我们来思考如何进行职责分解。考虑到时间匹配是一个独立的功能，我们可以创建一个新类 TimeSpanMatcher，然后把具体如何匹配时间的问题委托给它：

```
private boolean departureTimeNotMatch(TripPlan existPlan, TripPlanDTO newPlan) {
    return !new TimeSpanMatcher().match(existPlan.getPlanSpecification().getPlannedDepartureTime(),
            newPlan.getPlanSpecification().getPlannedDepartureTime());
}
```

剩下的工作非常具体而明确，让我们把工作交给 LLM 来完成。

提示

我有如下的代码：

```
public class TimeSpan {
    LocalDateTime start;
    LocalDateTime end;
}

private boolean departureTimeNotMatch(TripPlan existPlan, TripPlanDTO newPlan) {
    return !new TimeSpanMatcher().match(existPlan.getPlanSpecification().getPlannedDepartureTime(),
            newPlan.getPlanSpecification().getPlannedDepartureTime());
}
```

请基于以上代码，编写 TimeSpanMatcher 类和对应的单元测试。

这个提示虽然文字很少，但是因为它通过代码的形式给出了 TimeSpanMatcher 是如何被定义和使用的，所以信息非常明确。我们来看一下 LLM 的输出。

LLM

了解，您希望创建一个 TimeSpanMatcher 类，用于比较两个 TimeSpan 对象是否匹配。这里，我们假设“匹配”是指两个时间段存在重叠。以下是 TimeSpanMatcher 类及其单元测试的可能实现。

首先，这是 TimeSpanMatcher 类：

```
import java.time.LocalDateTime;

public class TimeSpanMatcher {

    /**
     * 检查两个时间范围是否匹配
     *
     * @param timeSpan1 第一个时间范围
     * @param timeSpan2 第二个时间范围
     * @return 如果时间范围匹配（即它们有重叠），则返回 true；否则返回 false
     */
    public boolean match(TimeSpan timeSpan1, TimeSpan timeSpan2) {
        // 两个时间范围匹配的条件是它们有重叠，即第一个时间范围的结束时间晚于第二个的开始时间，
           且第一个的开始时间早于第二个的结束时间
        return !(timeSpan1.getEnd().isBefore(timeSpan2.getStart()) || timeSpan1.getStart().
            isAfter(timeSpan2.getEnd()));
    }
}
```

接下来是 TimeSpanMatcher 的单元测试 TimeSpanMatcherTest：

```
import org.junit.jupiter.api.Test;
import java.time.LocalDateTime;
import static org.junit.jupiter.api.Assertions.assertTrue;
import static org.junit.jupiter.api.Assertions.assertFalse;

public class TimeSpanMatcherTest {
    @Test
    public void givenOverlappingTimeSpans_whenMatch_thenTrue() {
        // 准备两个有重叠的时间范围
        TimeSpan timeSpan1 = new TimeSpan(
            LocalDateTime.of(2023, 10, 14, 9, 0),
            LocalDateTime.of(2023, 10, 14, 10, 0)
        );

        TimeSpan timeSpan2 = new TimeSpan(
            LocalDateTime.of(2023, 10, 14, 9, 30),
            LocalDateTime.of(2023, 10, 14, 10, 30)
        );

        TimeSpanMatcher matcher = new TimeSpanMatcher();

        // 当时间范围有重叠时，应返回 true
        assertTrue(matcher.match(timeSpan1, timeSpan2));
    }

    @Test
    public void givenNonOverlappingTimeSpans_whenMatch_thenFalse() {
        // 准备两个无重叠的时间范围
        TimeSpan timeSpan1 = new TimeSpan(
            LocalDateTime.of(2023, 10, 14, 9, 0),
            LocalDateTime.of(2023, 10, 14, 10, 0)
        );

        TimeSpan timeSpan2 = new TimeSpan(
            LocalDateTime.of(2023, 10, 14, 10, 1),
            LocalDateTime.of(2023, 10, 14, 11, 0)
        );

        TimeSpanMatcher matcher = new TimeSpanMatcher();

        // 当时间范围无重叠时，应返回 false
        assertFalse(matcher.match(timeSpan1, timeSpan2));
    }
}
```

在此测试中，givenOverlappingTimeSpans_whenMatch_thenTrue 验证了当两个时间范围重叠时，match 方法应返回 true。而 givenNonOverlappingTimeSpans_whenMatch_thenFalse 则验证了在没有重叠的情况下，应返回 false。

> 这个 match 方法的实现基于这样的假设：只要两个时间范围有交集，它们就是“匹配”的。如果您的业务逻辑有其他定义（例如，需要时间范围完全一致才算“匹配”），您需要调整 match 方法的内部逻辑。

由于我们没有明确说明时间范围的匹配规则，LLM 按照自己的理解给出了假设。这个假设以及代码输出都符合我们的预期。至此，`TimeSpanMatcher` 的实现就已经完成了。

距离计算

起始地匹配和目的地匹配都需要计算两点间的距离。与时间匹配策略类似，我们也将两点间距离的计算委托给一个专门的类来处理。不过，距离的计算相较于时间匹配，是一个更为复杂的问题，需要考虑的因素更多。

首先，绝大多数情况下两点间的实际交通距离不是直线距离。曲折的道路、交通规则、临时封路等因素，都会对实际距离产生影响。如果把两点间的交通问题考虑得更周全，它还受到实时交通情况、路况变化、天气条件等因素的影响，这些往往需要通过实时数据来进行调整和预测。

虽然直接采用成熟的第三方地理信息服务能够解决上述问题，但是它也带来了更多的复杂性，例如服务供应商提供的服务不稳定，因价格不再具有优势需要切换供应商等场景。所以，即使是复用第三方的服务，也要在架构方案上做到解耦，避免依赖唯一的服务提供方。

此外，我们不可能在开发阶段就直接依赖第三方服务，这既涉及较高的成本，也会影响开发效率和测试速度。为此，我们还需要一个近似的内部替代方案，以减少单元测试、集成测试等活动的时间成本和财务成本，也可以提升测试的可靠性和环境部署的便捷性。一个计算球体表面距离的常用公式是 Haversine 公式：

$$d = 2r\arcsin\left(\sqrt{\sin^2\left(\frac{\phi_2-\phi_1}{2}\right)+\cos(\phi_1)\cos(\phi_2)\sin^2\left(\frac{\lambda_2-\lambda_1}{2}\right)}\right)$$

其中：

- d 是两点间的距离，r 是地球的半径（通常取平均半径为 6371 km）；
- ϕ_1、ϕ_2 是两点的纬度，λ_1、λ_2 是两点的经度，单位都是弧度。

综合考虑位置距离的多种影响因素之后，我们定义的架构策略如图 5.6 所示。

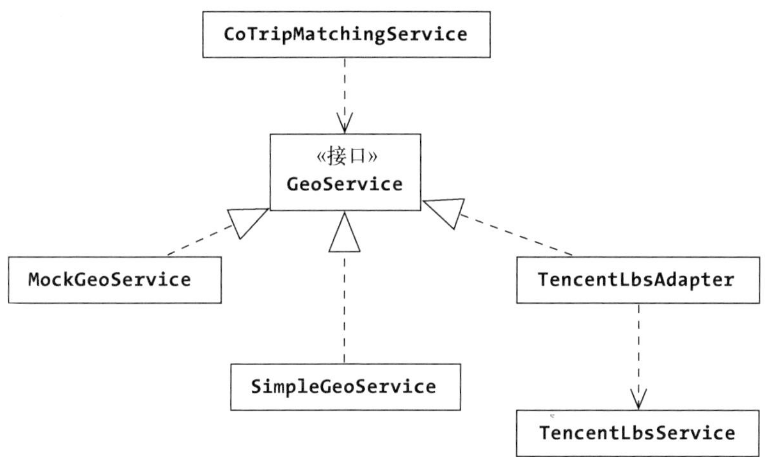

图 5.6 地理信息服务依赖策略

其中，CoTripMatchingService 依赖抽象的 GeoService 接口。这个接口定义与第三方无关。当需要在单元测试中操控 GeoService 的返回值时，我们使用 Mock 服务。如果在测试或演示中需要距离数据，或者仅需要粗略的距离计算，我们将采用 Haversine 距离算法完成近似计算。而在生产环境且需要精确距离的场景中，我们将通过适配器接入第三方服务。

根据上述设计，定义 GeoService 接口，并修改 CoTripMatchingService，添加对 GeoService 的依赖：

```
// 定义 GeoService 接口
public interface GeoService {
    /**
     * 获取两个 Location 间的距离（千米）
     */
    double getDistance(Location location_1, Location location_2);
}

// 注入对 GeoService 的依赖
@Autowired
public CoTripMatchingService(TripPlanRepository tripPlanRepository,
                             CoTripRepository coTripRepository,
                             GeoService geoService) {
    this.tripPlanRepository = tripPlanRepository;
    this.coTripRepository = coTripRepository;
    this.geoService = geoService;
}
```

接下来的任务是实现 SimpleGeoService，即基于 Haversine 公式的简单距离计算。我们已经在 1.3 节中给出了使用 LLM 完成这个功能的案例，不再赘述。

更新出行计划的状态

对于用户来说，撮合成功的体现是出行计划状态的变更，所以撮合成功后需要把出行计划的状态变更为 JOINED。这就是在 CoTripMatchingService 的 matchSuccess 方法中要完成的工作：

```
private void matchSuccess(CoTrip coTrip) {
    updateTripPlans(coTrip.getId(), coTrip.getTripPlanIdList());
    coTripRepository.save(coTrip);
}
```

继续“雇用”LLM 来实现 updateTripPlans 方法和对应的自动化测试。LLM 给出的输出如下：

```
public void updateTripPlans(CoTripId coTripId, List<TripPlanId> tripPlanIds) {
    tripPlanIds.forEach(tripPlanId -> {
        TripPlan tripPlan = tripPlanRepository.findById(tripPlanId.getId(
            )).get();
        tripPlan.joinCoTrip(coTripId);
        tripPlanRepository.save(tripPlan);
    });
}

@ExtendWith(MockitoExtension.class)
public class CoTripMatchingResultTest {
    @Mock TripPlanRepository tripPlanRepository;
    @Mock CoTripRepository coTripRepository;

    @InjectMocks CoTripMatchingService coTripMatchingService;

    @DisplayName("匹配成功后应该更新 TripPlan 的状态")
    @Test
    public void shouldChangeTripPlanStatusWhenMatched() throws InconsistentStatusException {
    // 1. 准备数据
        when(tripPlanRepository.findAllNotMatching()).thenReturn(Arrays.asList(existingPlan));
        when(tripPlanRepository.findById(eq(existingPlan.getId()))).thenReturn(Optional.
            of(existingPlan));
        when(tripPlanRepository.findById(eq(newPlan.getId()))).thenReturn(Optional.of(newPlan));

    // 2. 触发匹配
        coTripMatchingService.receivedTripPlanCreatedEvent(new TripPlanCreatedEvent
            (TripPlanConverter.toDTO(newPlan)));
```

```
    // 3. 验证结果
        ArgumentCaptor<List<TripPlan>> tripPlanListCaptor= ArgumentCaptor.forClass(List.class);
        verify(tripPlanRepository).saveAll(tripPlanListCaptor.capture());
        List<TripPlan> capturedTripPlan = tripPlanListCaptor.getValue();
        assertThat(capturedTripPlan.stream().map(tripPlan->tripPlan.getId()).collect(Collectors.
            toList())).
                containsExactlyInAnyOrderElementsOf(
                Arrays.asList(
                        existingPlan.getId(),
                        newPlan.getId()
        ));
        capturedTripPlan.forEach(tripPlan -> {
            assertThat(tripPlan.getStatus()).isEqualTo(TripPlanStatus.JOINED);
        });
        capturedTripPlan.forEach(tripPlan -> {
            assertThat(tripPlan.getCoTripId()).isNotNull();
        });
    }
}
```

这个测试利用了 Mockito 来验证 coTripMatchingService 对 tripPlanRepository 的数据更新。

- 首先，使用@Mocks 和@InjectMocks 创建 CoTripMatchingService 和它所依赖的 Mock 对象。
- 然后，设定期待的 tripPlanRepository 和 CoTripMatchingService 的数据交互行为。
- 接着，触发 TripPlanCreatedEvent 事件，通知 CoTripMatchingService 开始对出行计划进行匹配。
- 最后，拦截对 tripPlanRepository 的调用，验证 CoTripMatchingService 是否正确更新了 TripPlan 的状态。这部分验证采用了参数拦截，简单解释如下：
    - ArgumentCaptor 是 Mockito 用于捕获 mock 方法调用参数的工具；
    - Mockito.verify 方法用于检查特定的方法是否在 Mock 对象上被调用；
    - assertThat(capturedTripPlan).containsExactlyInAnyOrderElementsOf() 检查返回的 TripPlanId 列表是否包含预期的元素。

本测试虽然写起来比较复杂，但是它把测试范围局限于 CoTripMatchingService，让测试更聚焦、执行更快、维护更容易，也更容易定位问题。

5.4.3 注册事件监听，完成集成

现在我们已经获得了一个简易但完整的撮合算法。这个撮合算法会在后续开发中持续改进，当前我们需要关注一个更重要的任务：把这个撮合算法尽快集成到系统中，让它能够接收 TripCreatedEvent 事件，这样就可以完成一个完整的撮合功能了。

在 Spring 中，实现事件监听并不复杂。因为 TripPlanCreatedEvent 的真实触发时机是 createTripPlan 事务提交的时刻，所以我们不使用普通的@EventListener，而是使用@TransactionalEventListener 注解来实现事件监听的注册。把这个注解增加到方法 receivedTripPlanCreatedEvent 上：

```
@Transactional(propagation = Propagation.REQUIRES_NEW)
@TransactionalEventListener
public void receivedTripPlanCreatedEvent(TripPlanCreatedEvent event) throws InconsistentStatusException {
    /* 内部实现不变 */
}
```

这就完成了对 TripPlanService 和 CoTripMatchingService 基于 TripPlanCreatedEvent 的集成。@Transactional 注解的 propagation = Propagation.REQUIRES_NEW 属性表明 receivedTripPlanCreatedEvent 方法运行在自己的事务中，独立于 createTripPlan 的事务。

现在让我们增加一个集成测试，来验证上述集成的正确性。为了能够在接口级完成测试，我们还需要补充实现一个 TripPlan 的查询接口。这部分工作和 5.3.4 节的工作类似，不再赘述。使用 LLM 辅助完成的集成测试代码如下：

```
@SpringBootTest
@AutoConfigureMockMvc
public class CoTripMatchingResultMvcTest {
    private static final String urlTripPlan = "/trip-plans/";
    @Autowired
    private MockMvc mockMvc;

    @DisplayName("匹配成功后应该更新 TripPlan 的状态")
    @Test
    public void shouldChangeTripPlanStatusWhenMatchedVerifiedByAPI() throws Exception {
        objectMapper.registerModule(new JavaTimeModule());
        /* <部分代码略> */
        MvcResult response_1 = mockMvc.perform(post(urlTripPlan)
                        .contentType(MediaType.APPLICATION_JSON)
                        .header("user-id", "user-id-1")
                        .content(objectMapper.writeValueAsString(firstPlan))
                )
```

```
            .andExpect(status().isCreated())
            .andReturn();
    /* <部分代码略> */
    MvcResult result_1 = mockMvc.perform(
                    get(urlTripPlan + firstTripPlan.getId())
                            .header("User-Id", "user-id-1")
            )
            .andExpect(status().isOk())
            .andReturn();
    TripPlanDTO tripPlanDTO_1 = /* <部分代码略> */;
    assertThat(tripPlanDTO_1.getStatus()).isEqualTo(TripPlanStatus.JOINED.toString());
    /* <tripPlan_2 的验证部分，略> */
}
```

在这个测试中，我们以用户 1 和用户 2 的身份分别调用了/trip-plans/的 POST 接口，然后分别查询两个出行计划的状态，如果状态查询的结果都是 JOINED，就意味着这个功能的实现是正确的。

5.5 通过 WebSocket 发送通知

用户需要在撮合成功后及时收到通知。我希望通过本案例，为读者展示如下 3 个方面的内容。

- WebSocket 和 STOMP 协议的基础知识，以及如何使用 Spring 实现 WebSocket 通信。
- 如何通过事件机制解耦撮合模块和通知模块，实现低耦合的设计。
- 基于大模型学习背景知识，以及利用大模型完成开发过程。

或许有许多读者和我一样，在开发之前并不精通 WebSocket 相关的知识。不过，在大模型时代，我们可以利用大模型快速学习任何不熟悉领域的知识。

5.5.1 WebSocket 和 STOMP 协议

传统的 HTTP 协议有一个缺点，即通信只能由客户端发起，服务器不能主动推送信息给客户端。这就意味着当服务器有数据需要主动发送给客户端时，客户端只能依靠轮询来获取新的信息，这会导致消息延迟，同时也加重了服务器的负担。

WebSocket 通信协议实现了浏览器和服务器之间的双向通信。它的初始握手通过 HTTP 进行，然后“升级”为 WebSocket 连接。一旦建立了 WebSocket 连接，服务器和客户端之间就可以双向交流，实现高效、实时的通信。像“撮合成功后主动通知用户”这样的场景，就非常适合应用 WebSocket。

虽然原生 WebSocket 提供了双向通信机制，但它只是一个建立在 TCP 协议上的底层通信协议，本身不定义消息格式，也不支持发布-订阅机制，没法支持复杂的通信模式。这对于开发者来说是不方便的。

更常用的做法是，在 WebSocket 之上，使用 STOMP 协议进行通信。STOMP 是一个与底层传输协议无关的高层协议，它定义了消息框架和格式，包括命令、头信息和正文等，让开发者可以更容易地构建和理解消息系统，不必处理底层 WebSocket 的复杂性。所以，在需要实时通信的 Web 应用程序中，使用 STOMP 是一个更常见的选择[①]。

引入 STOMP 之后，前端和服务器的通信机制如图 5.7 所示。

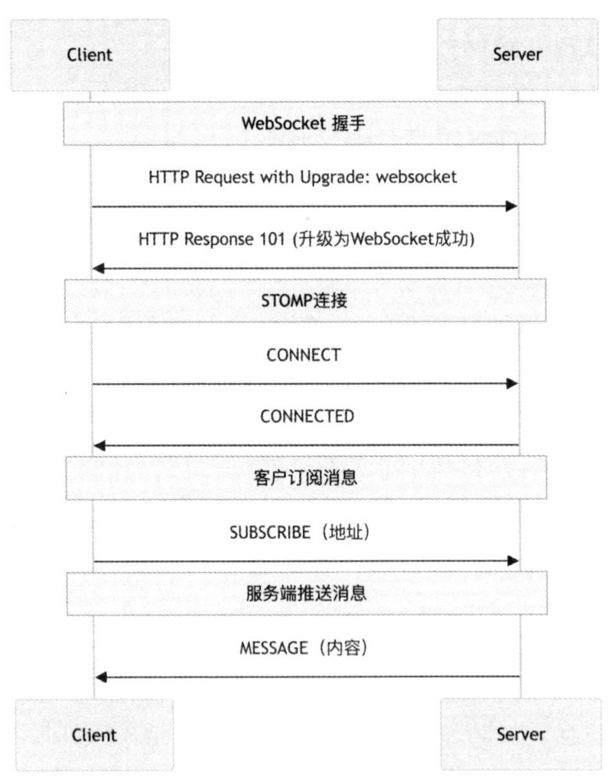

图 5.7 基于 STOMP 和 WebSocket 的通信[②]

① 在本书的后续部分，除非特殊说明，“WebSocket 通信”都是指基于 STOMP 和 WebSocket 的通信。

② 本图由 LLM 生成。

5.5.2 实现基于 WebSocket 的通知

如何实现 WebSocket 状态通知模块和撮合模块的耦合呢？事件耦合仍然是最合理的方案，如图 5.8 所示。在图 5.8 中，TripPlanStatusNotifier 模块并不依赖 TripPlanService 或者 CoTripMatchingService，也不被它们所依赖。它仅仅是一个普通的、独立的事件监听器。相对于直接在撮合成功之后由 CoTripMatchingService 调用 TripPlanStatusNotifier，图 5.8 的设计耦合更低，也更容易扩展。

图 5.8 通过事件解耦通知模块

增加并触发 TripPlanJoinedEvent

第一步，我们需要让 TripPlanService 在成功处理来自 CoTripMatchingService 的 joinCoTrip 请求时，触发 TripPlanJoinedEvent。这个职责放到哪个类中比较合适呢？你有两个选项：

- TripPlanService 的 joinCoTrip 方法
- TripPlan 的 joinCoTrip 方法

正确答案应该是第二个。只有把它放到 TripPlan 的聚合根中，才可以确保业务完整性，只要加入共乘，就触发对应的事件：

```
public class TripPlan extends AggregateRoot {
    private TripPlanStatus status;
    private CoTripId coTripId;
    public void joinCoTrip(CoTripId coTripId) {
        this.coTripId = coTripId;
        this.status = TripPlanStatus.JOINED;
        registerEvent(new TripPlanJoinedEvent(new TripPlanDTO(this)));
    }
}
```

其中 registerEvent 是 AggregateRoot 提供的方法，它负责把事件暂存到聚合根，在事务提交时对外发送。

关于 joinCoTrip 的设计也表明，并不需要一开始就对领域层提供的服务进行完美规划，完全可以在需求开发过程中逐渐完善和丰富它。

监听 TripPlanJoined 事件并发送通知

现在我们着手实现事件监听，并基于 WebSocket 发送通知。

提示

我有一个 Spring Boot 应用（Maven 3、Java 17），我希望它在收到 TripPlanJoined-Event 时，能向受到影响的客户端发送 WebSocket 通知。

客户端应该通过"/queue/status"注册通知消息。这个消息是一个单播消息，接收用户的 ID 来自事件中的用户 ID 信息（event.getData().getUserId()）。

LLM

为了实现当 TripPlanJoinedEvent 发生时，通过 WebSocket 向受影响的客户端发送通知，您需要执行几个步骤。以下是一种可能的实现方法，包括生产代码和基本的自动化测试代码。

第一步：添加依赖项

首先，您需要确保您的 pom.xml 中包含了 Spring Boot 的 WebSocket 依赖项。

```
<dependencies>
    <!-- 其他依赖项 -->
    <dependency>
        <groupId>org.springframework.boot</groupId>
        <artifactId>spring-boot-starter-websocket</artifactId>
    </dependency>
</dependencies>
```

第二步：配置 WebSocket

```
import org.springframework.context.annotation.Configuration;
import org.springframework.messaging.simp.config.MessageBrokerRegistry;
import org.springframework.web.socket.config.annotation.EnableWebSocketMessageBroker;
import org.springframework.web.socket.config.annotation.StompEndpointRegistry;
import org.springframework.web.socket.config.annotation.WebSocketMessageBrokerConfigurer;

@Configuration
@EnableWebSocketMessageBroker
public class WebSocketConfig implements WebSocketMessageBrokerConfigurer {
```

```
    @Override
    public void registerStompEndpoints(StompEndpointRegistry registry) {
        registry.addEndpoint("/ws").withSockJS();
    }

    @Override
    public void configureMessageBroker(MessageBrokerRegistry registry) {
        registry.enableSimpleBroker("/queue");
        registry.setApplicationDestinationPrefixes("/app");
    }
}
```

第三步：创建事件监听器并发送 WebSocket 消息

```
@Component
public class TripPlanJoinedEventListener {

    @Autowired
    private TripPlanStatusNotifiter template;

    @EventListener
    public void handleTripPlanJoinedEvent(TripPlanJoinedEvent event) {
        String destination = "/queue/status";
        // 发送给特定用户
        this.template.convertAndSendToUser(event.getData().getUserId().toString(), destination,
            event);
    }
}
```

在上面的代码中，我们假设 TripPlanJoinedEvent 和 event.getData().getUserId() 是有效的。您需要根据实际情况进行调整。

LLM 生成的代码是直接可用的。同理，我们还需要为这个通知也创建一个集成测试，这部分代码请读者自行完成。

至此，我们就完成了本章 3 个用户故事的后端开发任务。不过需要注意，本章的 3 个用户故事的后端实现是和前端小程序开发、持续集成和部署等活动并行进行的，和各章编排的顺序不同。例如在后端完成“发布出行计划”开发任务的同时，前端小程序也同时完成了对应的前端设计，然后立即通过持续集成服务器集成并通过 Kubernetes 平台部署。

小练习

▶ 练习 1：实现更复杂的匹配规则。

我们已经在 5.4.2 节中实现了最简单的匹配规则。请在大模型的辅助下，继续实现如下匹配规则，以及对应的自动化测试：

- 同一时间段，出发距离最近优先；
- 同一时间段，出发距离相同，抵达距离最近优先。

▶ 练习 2：职责分配的讨论。

在 5.4.2 节，我们实现了一个 TimeSpanMatcher 类，负责时间范围的匹配。有人提出，既然 DepartureTime 的时间类型是一个 TimeSpan，为什么不把 match 定义为 TimeSpan 的一个方法呢？请思考这个问题，并且结合概念是否内聚、发生变化的频率是否相同等设计原则，给出你的建议和原因。

▶ 练习 3：探索 Spring Data 聚合根背后事件机制的实现方式。

在 5.3.3 节，我们引入了 Spring Data 内置的 AbstractAggregateRoot 来解决事件发布和事务耦合问题。请探索 AbstractAggregateRoot 是如何与@Transactional 机制配合的，然后实现一个自定义的 AggregateRoot，并让 TripPlan 继承这个自定义的 AggregateRoot。

第 6 章

实现通用域：以认证授权为例

在上一章，我们没有考虑如何进行用户身份认证授权，仅用 ID 对用户进行了标识，这只是一个暂时方案。在真实的业务系统中，绝大多数应用需要身份认证授权功能。身份认证授权既是非常通用的领域，也是复杂性较高，需要一定专业知识的领域。

本章我们将探讨如何利用开源的 Keycloak 解决方案，实现基于微信小程序的用户自动注册和身份认证授权。本章将覆盖以下概念和主题：

- 身份的认证授权、Keycloak 的基础知识；
- 通用域的开发和第三方集成方案；
- 微信小程序认证授权后台的开发；
- 和 Spring 后端的集成。

通用域的领域知识和软件开发是大模型非常擅长的工作。本章的许多内容都是在和大模型协作工作的基础上完成的。请读者在阅读过程中尽量多加尝试，加深理解。

6.1 认证授权基础

本节介绍认证和授权的基础知识。

6.1.1 基本概念

认证和授权是信息安全领域中的两个重要概念。

- 认证是确认用户身份的过程，通常是对用户的用户名、密码、指纹、数字证书等用户身份凭据进行核实。
- 授权的目的是授予用户访问特定资源的权限。

生活中的例子

以生活场景为例，当我们凭身份证乘坐火车时，身份证和人脸的核验就是一个认证过程，证明乘客确实是本人，而乘客进入特定列车需要检票，则体现为授权过程。工作人员或自动闸机根据乘客的购票信息，判断是否允许乘客乘坐某个车次。

认证

在认证过程中，我们需要使用某种用户凭据识别用户身份，避免仿冒。最传统的用户凭据是用户名和密码。现代应用还有许多可使用的凭据，例如指纹、人脸和第三方社交账号等。

在共享出行案例中，我们采用微信小程序作为客户端，那么很自然地，我们可以把用户身份的认证委托给微信。

授权

用户通过了身份认证，仅仅表明用户拥有系统的合法身份。但是，并不是每个用户都可以访问系统中的所有数据和功能（在认证授权域中统称为资源）。例如管理员用户可以访问更大范围的资源，普通用户仅限于访问自己的数据。这就需要设定明确的授权规则。

一般而言，授权规则是根据业务规则在系统中定义的，但是有时候也需要用户参与，对数据进行显式授权。例如，当一个用户在微信平台同时使用多个小程序时，有可能允许小程序 A 访问联系人等信息，而只允许小程序 B 访问头像和昵称。我们经常见到的授权对话框就是由用户授权过程触发的。

一旦完成授权，应用（在我们的案例中就是小程序前端）就可以根据授权的结果访问特定的数据。在很多情况下，访问可能需要多次交互，这就需要某种机制记住之前的授权结果。令牌就是一种常用机制。每次访问资源时，客户端都出示授权过程中获得的令牌，服务端根据令牌中承载的信息，对用户进行鉴权，判断是否允许用户访问特定资源。

6.1.2 认证授权流程

在小程序场景下，微信已经承担了用户的身份认证工作，我们只需要考虑如何完成授权工作就可以了。为了让读者更容易理解微信小程序下的应用认证授权过程，本节先介绍 OAuth 2.0 和令牌管理相关的背景知识。

OAuth 2.0

OAuth 2.0 的目标是解决第三方应用如何安全访问用户资源的问题。比如你正在使用某个第三方应用，这个应用需要访问你在微博的个人信息，那么如果第三方应用直接要求你提供用户名和密码，然后使用这个信息申请微博授权，就会导致以下安全问题。

- 你的密码泄漏给了第三方。如果第三方是恶意的，有可能冒用你的身份去做很多越权的工作。
- 如果你有一天不希望继续授权，由于这个密码已经泄漏，只能去微博更改自己的密码，非常不便。

更合理的做法是用户通过一个授权服务器对第三方应用授权。你告诉微博的授权服务器："我授权该第三方获取我的头像数据"。授权服务器根据你的指令，生成一个访问令牌，该令牌中包含了授权访问的数据范围，然后第三方应用凭这个令牌向资源服务器申请数据访问。这就是 OAuth 2.0 的基本工作原理，如图 6.1 所示。

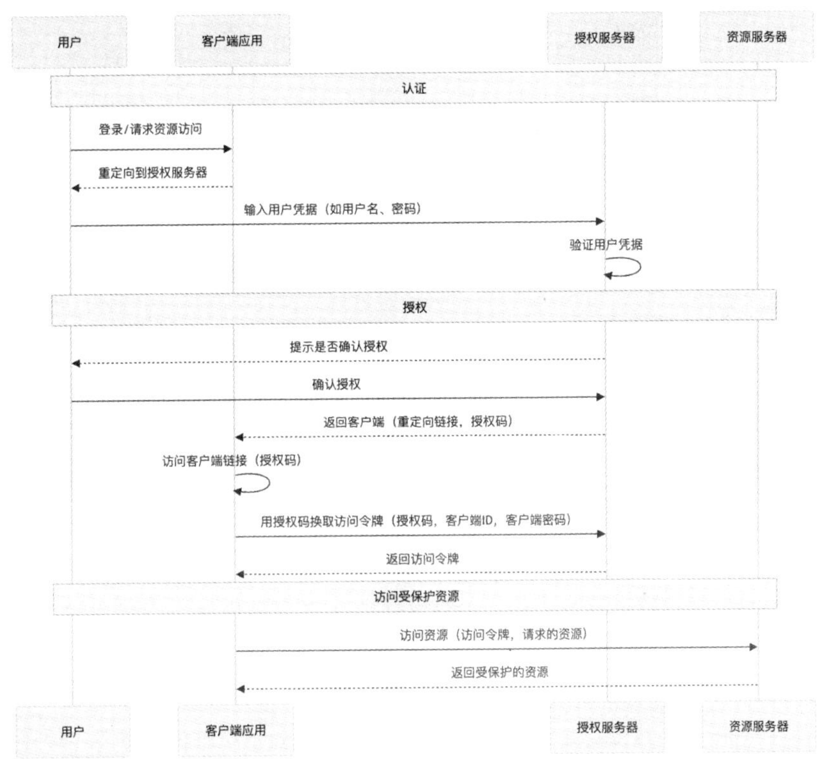

图 6.1　基于授权码标准流程的认证、授权和资源访问过程

在图 6.1 中，有 4 个主要的参与方，它们分别是用户、客户端应用、授权服务器和资源服务器。当用户试图通过客户端应用访问需授权的信息时，客户端应用首先把用户重定向到授权服务器。授权服务器要求用户输入凭据（如用户名、密码），在验证用户凭据后，询问用户是否授权该应用访问特定范围的数据。如果用户同意授权，授权服务器就会返回一个授权码，客户端应用再凭这个授权码向授权服务器换取一个访问令牌，就可以在后续交互过程中向资源服务器发送访问请求了。

对不熟悉 OAuth 2.0 授权码流程的读者来说，可能会有一个疑问：为什么授权服务器不是直接给第三方应用发放令牌，而是首先返回一个授权码，再基于授权码发放访问令牌呢？

这是出于安全性的考虑。为了给第三方应用发放令牌，授权服务器需要确认第三方应用的合法性。这个合法性验证通过第三方应用和授权服务器之间共享的客户端 ID 和 Secret 来实现。现代应用通常是前后端分离的，客户端的 ID 和 Secret 不可以暴露给前端应用，否则很容易被破解。因此，把授权过程区分为授权码和换取令牌两个步骤，就可以把第一步交给前端应用，把第二步交给后端应用，这既保证了安全性，又避免泄露 Secret。

虽然 OAuth 2.0 的本意是为了解决第三方授权问题，但是这种把授权服务完全与应用服务隔离的思路，提升了现代应用设计的安全性。在现代的软件系统中，即使应用之间并没有真正的第三方关系，我们也会使用独立的授权服务器，而不是把授权服务直接集成在特定应用内部。

令牌刷新

为了规避令牌被截获等安全问题，授权服务器颁发的访问令牌的有效期一般较短，不过这带来了另外一个问题：用户需要频繁授权。令牌刷新机制巧妙地解决了这个问题。在授权过程中，授权服务器会同时返回两个令牌。一个是有效期较短的访问令牌，另一个是有效期较长的刷新令牌。在正常的资源访问交互中，客户端应用仅使用访问令牌。在访问令牌即将过期时，客户端应用调用授权服务器的令牌刷新服务，获得新的访问令牌。通过这种措施，既保证了安全性，又提升了用户体验。

6.1.3 令牌格式和 OIDC 协议

虽然 OAuth 2.0 并没有规定令牌格式，但是在实践中广泛使用的是 JWT（JSON Web Token）令牌。下面是一个典型的 JWT 令牌：

```
eyJhbGciOiJIUzI1NiIsInR5cCI6IkpXVCJ9.
eyJleHAiOjE2OTkwNjkwNTYsImlhdCI6MTY5OTA2ODc1NiwianRpIjoiYWI4ODg0YTYtOGE5My00Njk3LTlmMjQtZmQ2OTJlYz
kyOTBlIiwiaXNzIjoiaHR0cDovL2tleWNsb2FrOjgwODkvcmVhbG1zL2xlYW5zZCIsInN1YiI6IjQxZmE5N2Q4LThmODUtNDcw
ZS1iNTE2LWM4NGFhNzc1N2UzMCIsInNpZCI6IjNmOGI5NDM0LTNiYTAtNDBkOC1iZDc0LTAzN2Y5MzU4N2U1ZiIsInR5cCI6Ik
JlYXJlciIsImF6cCI6ImNvdHJpcCIsInNjb3BlIjoicHJvZmlsZSIsInJlc291cmNlX2FjY2VzcyI6eyJhY2NvdW50Ijp7InJv
bGVzIjpbInZpZXctcHJvZmlsZSJdfX0sInByZWZlcnJlZF91c2VybmFtZSI6InpoYW5nc2FuIn0.
JCype-XL9CAlwVipCN9POsi8CJy9rD1csy4dbtJCmNE
```


为了便于讨论，我把这个令牌分成了 3 段，分别对应 JWT 令牌的 3 个部分：头部（Header）、负载（Payload）和签名（Signature）。它们之间以圆点符（.）分隔。其中，签名部分的作用是保证内容的完整性，防止前面两个部分内容被篡改。我们可以使用 Base64 解码器查看头部和负载的信息。

头部：

```json
{
  "alg": "HS256",
  "typ": "JWT"
}
```

负载：

```json
{
  "exp": 1699069056,
  "iat": 1699068756,
  "jti": "ab8884a6-8a93-4697-9f24-fd692ec9290e",
  "iss": "http://keycloak:8088/realms/leansd",
  "sub": "41fa97d8-8f85-470e-b516-c84aa7757e30",
  "sid": "3f8b9434-3ba0-40d8-bd74-037f93587e5f",
  "typ": "Bearer",
  "azp": "cotrip",
  "scope": "profile",
  "resource_access": {
    "account": {
      "roles": [
        "view-profile"
      ]
    }
  },
  "preferred_username": "zhangsan"
}
```

头部表明该令牌采用的算法是 HS256，是一个 JWT 令牌。负载部分包含了用户身份及与令牌签发相关的一些重要信息。

- exp（Expiration Time）：令牌的过期时间。这是一个 Unix 时间戳，用长整型表示。
- iat（Issued At）：令牌的签发时间。
- jti（JWT ID）：令牌的唯一标识符。
- iss（Issuer）：令牌颁发者，即发出令牌的身份验证和授权服务器的 URL。
- sub（Subject）：用户唯一标识。
- sid（Session ID）：用户会话标识符。
- typ（Type）：JWT 的类型，在本例中是 Bearer 令牌。
- azp（Authorized Party）：被授权方，在本例中是 cotrip。
- scope：授权范围，在本例中是授权访问用户的 profile。
- resource_access：表示访问特定资源的权限。在本例中，它允许访问 account 资源，并具有 view-profile 角色。
- preferred_username：表示用户名。在本例中，它是 zhangsan。

负载部分的信息结构由 OIDC 协议定义。OIDC 的全称是 OpenID Connect，它在 OAuth 2.0 的授权过程的基础上，约定了授权服务器返回的 ID Token 应该是 JWT 格式，并且定义了 ID Token 的数据规范，例如 sub 代表用户 ID、nickname 代表用户昵称，gender 代表性别等。

根据 HTTP/1.1 规范，令牌信息承载在 HTTP 请求头中。下面是来自一个真实场景的 HTTP 请求：

```
POST /cotrip/plan/v1/trip-plans/ HTTP/1.1
Host: api.leansd.cn
Connection: keep-alive
Content-Length: 317
User-Agent: Mozilla/5.0
Authorization: Bearer eyJhbGciOiJSUzI<此处省略部分 JWT 令牌数据>
content-type: application/json
Accept: */*
```

其中 Authorization 部分以 eyJhbGciOiJSUzI 开始的内容是 JWT 令牌。Authorization 的 Bearer 前缀代表了令牌格式，便于服务器识别。

6.2 Keycloak 基础

认证授权是非常专业的领域。在大多数情况下，自己动手实现认证授权服务器并不是一个好的选择，最好采用购买或复用的架构策略。在共享出行案例中，我们选择了 Keycloak 开源方案。

Keycloak 是由 Red Hat 开发和维护的开源身份认证和管理方案。下面我们将部署一个 Keycloak 服务器，然后一边配置，一边理解它的核心能力和概念。

6.2.1 部署 Keycloak

Keycloak 的部署有许多方式，最便捷的方法是作为容器镜像来运行。

使用 Docker 部署 Keycloak

假如你已经安装了 Docker，我们可以直接使用官方提供的镜像来启动 Keycloak：

```
$ docker run -p 8088:8080 -e KEYCLOAK_ADMIN=admin -e KEYCLOAK_ADMIN_PASSWORD=admin
quay.io/Keycloak/Keycloak:22.0.1 start-dev
```

其中，`quay.io/Keycloak/Keycloak:22.0.1` 表明我们选择的是 Keycloak 的 22.0.1 版本镜像，`-p 8088:8080` 代表把容器的 8080 端口映射到宿主机的 8088 端口，`-e KEYCLOAK_ADMIN=admin -e KEYCLOAK_ADMIN_PASSWORD=admin` 是两个环境变量设置参数，分别代表管理员的用户名和密码，Keycloak 容器在启动时会读取这两个环境变量，`start-dev` 代表以开发模式启动[①]。

使用安装包部署

我们也可以使用安装包部署 Keycloak[②]。首先到 Keycloak 官方网站下载最新的安装包，解压后运行 `bin` 目录下的 `kc.bat` 或 `kc.sh`：

```
$ ./bin/kc.[sh|bat] start-dev
```

① 请注意在真实的生产环境下不要使用 `start-dev`。在学习阶段，使用 dev 模式可以简化配置，更快上手。

② Keycloak 是使用 Java 语言开发的，keycloak 22.0 要求使用 Java 17 或更新版本的 JDK。

无论使用哪种方式部署，启动完成后就可以在 http://localhost:8088/端口看到 Keycloak 的界面了，如图 6.2 所示。

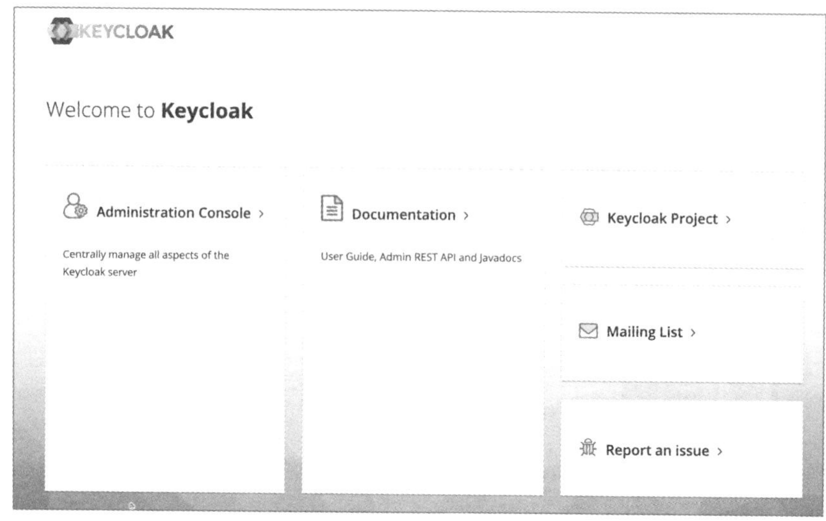

图 6.2 Keycloak 启动界面

6.2.2 配置 Realm

在 Keycloak 中，我们遇到的第一个概念是 Realm。Realm 代表一个安全域[①]，不同安全域之间的用户、角色、客户端应用以及身份认证授权设置等都是隔离的。虽然 Keycloak 初始化时已经创建了一个名为 master 的安全域，不过按照常规约定，master 安全域的唯一目标是创建和管理其他安全域。因此，我们不直接使用 master 安全域来做实际的身份管理，而是新建一个特定的安全域。在本案例中，我们将建立一个名为 leansd[②]的安全域，用于共享出行演示，如图 6.3 所示。

---

① 虽然在有些文献中 Realm 被翻译为“领域”，但是为了避免和 Domain 混淆，在本书中我们统一使用“安全域”来指代这个概念。

② leansd 指“精益软件设计”。

图 6.3　配置 Realm

6.2.3　创建客户端

接下来，让我们创建一个客户端。客户端负责和 Keycloak 进行交互，完成认证授权所需的工作。在共享出行案例中，我们将这个客户端命名为 cotrip，如图 6.4 所示。

图 6.4　创建客户端

6.2.4 创建测试用户

接下来让我们创建一个测试用户，并且尝试用 Keycloak 实现基于用户名和密码的登录。首先找到用户菜单栏，选择创建用户。让我们把新用户名命名为 test_user。

然后，找到 Credentials，选择 Set Password，把密码设置为 test-password，并且关闭 Temporary 选项。Temporary 选项是默认选项，适合大多数场景，意味着用户首次登录时需要修改管理员设置的密码。在我们的测试场景中，并不需要这个功能。

6.2.5 测试认证授权，获取访问令牌

现在让我们测试一下 Keycloak 客户端配置是否已经生效。命令如下：

```
$ curl --location --request POST 'http://localhost:8088/realms/leansd/protocol/openid-connect/token'
\
--header 'Accept: */*' \
--header 'Content-Type: application/x-www-form-urlencoded' \
--data-urlencode 'grant_type=password' \
--data-urlencode 'client_id=cotrip' \
--data-urlencode 'username=test_user' \
--data-urlencode 'password=test-password'

{"access_token":"eyJhbGciOi<剩余 access token 令牌内容，略>",
 "expires_in":-1,
 "refresh_expires_in":-1,
 "refresh_token":"<refresh token 令牌内容，略>",
 "token_type":"Bearer",
 "not-before-policy":0,
 "session_state":"3ad64510-4dda-4cf7-afa6-0b828ca04abe",
 "scope":"profile email"}
```

Keycloak 返回了一个带有 access_token 和 refresh_token 等数据的结构，这意味着 Keycloak 已经可以正常工作了。

6.2.6 用 API 创建用户

Keycloak 提供了完备的管理 API。我们将会在 6.3 节使用 API 创建用户。现在，我们先测试一下这个能力。

首先，我们需要以管理员身份获取访问令牌：

```
$ curl --location --request POST 'http://localhost:8088/realms/master/protocol/openid-connect/token' \
--header 'Content-Type: application/x-www-form-urlencoded' \
--data-urlencode 'username=admin' \
```

```
--data-urlencode 'password=admin' \
--data-urlencode 'grant_type=password' \
--data-urlencode 'client_id=admin-cli'
```

然后，我们使用获得的 access_token 来创建一个新用户：

```
$ curl --location --request POST 'http://localhost:8088/admin/realms/leansd/users' \
--header 'Content-Type: application/json' \
--header 'Authorization: Bearer <access_token>' \
--data-raw '{"username":"test-user-2","enabled":"true"}'
```

命令成功执行，返回 201。进入 Keycloak 系统的用户管理，就可以看到名为 test-user-2 的新用户了。

6.3 用大模型辅助开发认证授权服务

在了解了认证授权的基础知识，安装并且配置了 Keycloak 之后，我们就可以开发一个真正有用的认证授权服务了。

首先，我们需要介绍基于微信小程序的身份认证方案。然后，我们将在 LLM 的支持下，采用 Node.js 开发一个后台，配合微信小程序前端、微信认证服务器和 Keycloak，实现登录和令牌刷新能力。最后，我们还需要为新编写的代码引入自动化测试，实现长期质量保障。

6.3.1 微信小程序身份认证方案

一般的用户管理系统需要一些常规功能，如用户注册、身份验证、密码重置、用户信息管理等。不过，我们的案例由于采用了微信小程序，用户都是已经注册了微信的用户，我们可以依赖微信系统的能力来验证用户身份。这样，注册和身份验证等功能就可以得到大幅简化。

图 6.5 给出了在微信小程序场景下共享出行系统的用户身份认证方案。

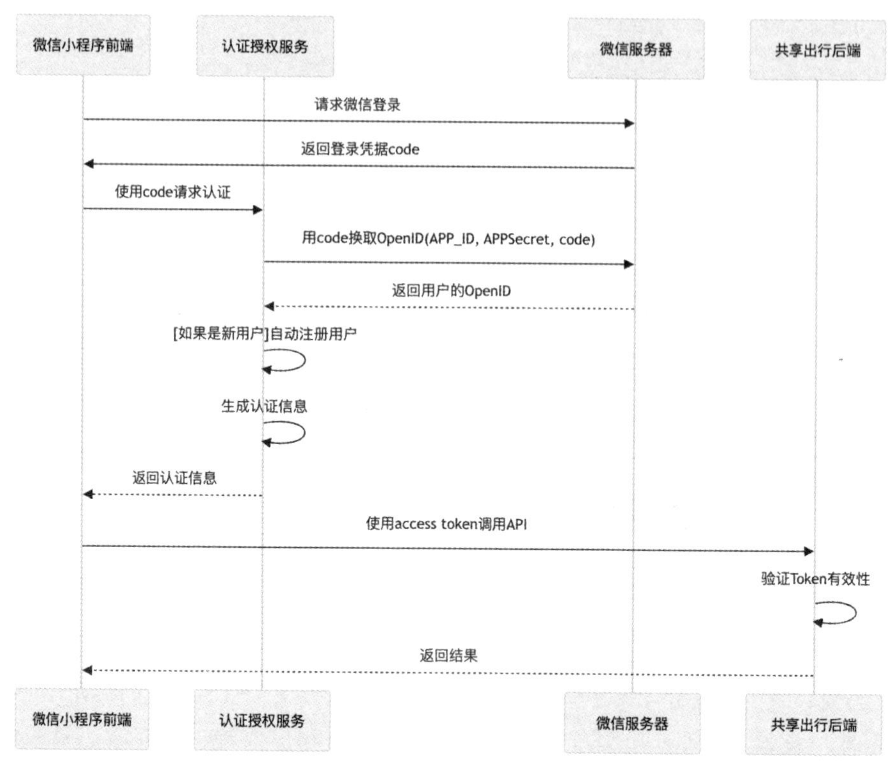

图 6.5 微信小程序身份认证方案

由于微信服务器已经承担了身份识别的相关功能，我们唯一需要做的就是当用户首次进入共享出行的微信小程序前端时，自动在系统中记住用户身份，并且在后续登录时保持用户的这个身份。

- 当用户打开共享出行微信小程序时，小程序会向微信服务器发送登录请求（wx.login），然后微信服务器返回一个临时登录凭证 code。
- 我们需要开发一个自己的认证授权服务（这个服务内部会依赖 Keycloak）。认证授权服务将微信小程序前端发来的 code 发给微信服务器进行认证，如果 code 有效，微信服务器会返回一个代表用户唯一身份的 OpenID。
- 认证授权服务根据用户的 OpenID 来判断是否是新用户，如果是新用户，则自动完成新用户注册，把这个用户添加到 Keycloak 的用户列表中。
- 认证授权服务会生成一组认证信息（在认证授权服务内部，这个功能是通过调用 Keycloak 的能力来完成的），包括访问令牌和刷新令牌等，并且把这个信息返回给微信小程序。

- 微信小程序利用这个认证信息进行后续的 API 访问。

在认证授权服务器内部，Keycloak 完成了用户注册和登录的大多数工作，我们自己开发的服务（我将其命名为 auth 服务）作为微信和 Keycloak 的联络者，提供了适配和一些附加的功能。

6.3.2 实现登录功能

我们仍然选择 LLM 来帮助我们编写代码。

提示

我们将使用 Node.js+Express 实现一个用于微信小程序注册的后端服务。这个后端服务将依赖 Keycloak 来完成用户管理和 token 管理等任务。如果是新用户（openid 在 Keycloak 中不存在），需要自动在 Keycloak 中创建一个新用户。请基于这个策略，编写 token 生成和用户管理的服务端代码。

LLM

如果您打算使用 Keycloak 来管理用户并为微信小程序生成令牌，您需要执行以下步骤：

1. 从微信小程序获取 code。
2. 使用 code 从微信服务器获取 openid。
3. 使用 openid 检查 Keycloak 中是否已存在此用户。
4. 如果用户不存在，则在 Keycloak 中创建一个新用户。
5. 为用户生成 Keycloak 令牌并将其发送回微信小程序。

以下是一个基于 Node.js + Express 的示例，您需要确保已安装必要的库：

```
npm install express axios Keycloak-admin body-parser
```

服务端代码如下：

```
const express = require('express');
const axios = require('axios');
const bodyParser = require('body-parser');
const KeycloakAdminClient = require('Keycloak-admin').default;

const app = express();

const APP_ID = '你的 APP_ID';
const APP_SECRET = '你的 APP_SECRET';
```

```
const KeycloakConfig = {
    baseUrl: 'http://your-Keycloak-url/auth', // 替换为你的 Keycloak 服务器地址
    realmName: 'your-realm',  // 替换为你的 realm 名称
};

const KeycloakAdmin = new KeycloakAdminClient(KeycloakConfig);

app.use(bodyParser.json());

app.post('/login', async (req, res) => {
    const code = req.body.code;

try {
    const response = await axios.get(`https://api.weixin.qq.com/sns/jscode2session?appid=
        ${APP_ID}&secret=${APP_SECRET}&js_code=${code}&grant_type=authorization_code`);
    const openid = response.data.openid;

    // 使用 openid 检查用户是否存在
    await KeycloakAdmin.auth({
        username: 'admin-username', // 替换为你的 Keycloak 管理员账户
        password: 'admin-password', // 替换为你的 Keycloak 管理员密码
        grantType: 'password',
        clientId: 'admin-cli',
    });

    let users = await KeycloakAdmin.users.find({ search: openid });

    if (users.length === 0) {
    // 创建新用户
    await KeycloakAdmin.users.create({
        username: openid,
        enabled: true,
        // 为用户设置一个密码或其他认证方式
        credentials: [{ type: 'password', value: 'a-strong-password' }]
    });
    }

    // 从 Keycloak 获取 token（这可能需要你根据自己的 Keycloak 设置进行调整）
    const tokenResponse = await axios.post(`${KeycloakConfig.baseUrl}/realms/${KeycloakConfig.
        realmName}/protocol/openid-connect/token`, {
    username: openid,
    password: 'a-strong-password',
    client_id: 'your-client-id',  // 你的客户端 ID
    client_secret: 'your-client-secret', // 你的客户端密钥
    grant_type: 'password'
    });

    const token = tokenResponse.data.access_token;
    res.json({ token });

} catch (error) {
    console.error('错误：', error);
    res.status(500).send('登录失败');
```

```
}
});

app.listen(3000, () => {
console.log('Server started on http://localhost:3000');
});
```

LLM 输出的信息很详尽，代码质量也很高，我们仅仅需要加入必需的配置参数，如 realm 的名字、管理员用户名密码等数据之后，这段代码就可以直接使用了。

我们可以继续利用 LLM 实现令牌刷新功能。读者可以仿照上述内容，自行完成这部分的提示词编写。我获得的令牌刷新代码如下：

```
app.post("/refresh-token", handleRefreshTokenRequest);

async function handleRefreshTokenRequest(req, res) {
  const refreshToken = req.body.refresh_token;
  if (!refreshToken) {
      return res.status(400).json({ error: 'Refresh token is required' });
  }

  try {
    const token = await keycloakRefreshToken(refreshToken);
    res.send(token);
  } catch (error) {
      logger.error(error.message);
      res.status(500).json({ error: 'Failed to refresh token' });
    }
}

async function keycloakRefreshToken(refreshToken) {
    let data = {
        client_id: KEYCLOAK_AUTH_CLIENT_ID,
        grant_type: 'refresh_token',
        refresh_token: refreshToken
    };
    const keycloakResponse = await axios.post(
        `${keycloakConfig.baseUrl}/realms/${keycloakConfig.realmName}/protocol/openid-connect/token`,
        qs.stringify(data),
        { headers: { 'Content-Type': 'application/x-www-form-urlencoded' } }
    );
    return keycloakResponse.data;
}
```

其中，handleRefreshTokenRequest 实际处理前端的刷新请求，并且把这个请求委派给 keycloakRefreshToken 方法。keycloakRefreshToken 方法调用 Keycloak 的 API，实现令牌刷新并且把新的令牌数据返回。

6.4 用大模型辅助开发自动化测试

虽然这个 node.js 项目的规模较小，而且主要是和外部系统协同，但是自动化测试仍然是必须的。

- 自动化测试提供了持续质量保证：软件开发不是一蹴而就，而是持续演进的。自动化测试是演进式设计的重要保障。任何时刻，只要是我们更改了代码——无论是重构还是添加新功能，我们都需要通过运行自动化测试，保证现有功能仍然正常工作，没有被破坏。
- 自动化测试有助于提前发现缺陷：我们不必等到和微信小程序前端及 Keycloak 集成，就可以在本地直接运行单元测试，来捕获和修复潜在的缺陷。
- 自动化测试是活文档：未来的维护者通过查看自动化测试，准确了解函数或模块的预期行为和使用方式。

6.4.1 利用大模型规划和编写自动化测试

把我们的产品代码提供给大模型，请求大模型提供一个测试建议。

提示

我有一段用于认证的 Node.js 代码。请阅读这段代码，分析其中的测试点。

<前述代码，略>

LLM

针对你提供的代码，以下是一些建议的测试点。

- **Token 验证**：确保只有白名单中的路径可以在没有令牌的情况下访问，而其他路径需要有效的令牌。
- **登录功能**：模拟不同的登录情况，例如有效的 code、无效的 code、微信会话获取失败等。
- **刷新令牌**：测试有效和无效刷新令牌的情况。
- **更新用户信息**：确保只有带有有效令牌的请求可以更新用户信息，并处理各种可能的输入情况。

LLM 准确理解了我们提供的代码，给出了一组较为全面的测试建议。现在让我们基于这些测试建议，逐步添加自动化测试。

提示

我将使用 Jest 进行单元测试。请先创建第一个测试：Token 验证，确保只有白名单中的路径可以在没有令牌的情况下访问，其他路径需要有效的令牌。

LLM

使用 Jest 进行单元测试是一个很好的选择。为了测试 Token 验证，我们需要模拟请求和响应对象，并检查它们的行为。

以下是一个基本的测试示例，用于验证 Token 验证逻辑。

首先，你需要安装 jest 和 supertest（用于测试 Express 应用程序）：

```
npm install --save-dev jest supertest
```

然后，创建一个新的测试文件，例如 app.test.js，并添加以下内容：

```
const request = require('supertest');
const app = require('./path-to-your-entry-file'); // 替换为你的入口文件的路径

describe('白名单中的路径不需要访问令牌，其他路径需要访问令牌', () => {
    const WHITELISTED_PATHS = ['/login', '/public-info', '/refresh-token'];

    // 测试白名单中的路径
    WHITELISTED_PATHS.forEach(path => {
        it('可以不使用令牌访问路径 ${path} ', async () => {
            const response = await request(app).get(path);
            expect(response.status).not.toBe(401);
        });
    });

    it('没有令牌时访问非白名单路径返回 401', async () => {
        const response = await request(app).get('/some-non-whitelisted-path');
        expect(response.status).toBe(401);
    });

    it('持有合法令牌时访问非白名单路径不返回 401', async () => {
        // 这里你需要提供一个有效的模拟令牌
        const mockValidToken = 'Bearer your-mock-valid-token';
        const response = await request(app)
            .get('/some-non-whitelisted-path')
            .set('Authorization', mockValidToken);
        expect(response.status).not.toBe(401);
    });
});
```

在 package.json 中，更新或添加一个测试脚本：

```
"scripts": {
    "test": "jest"
}
```

运行测试：

```
npm test
```

注意：你可能需要对上述代码进行一些调整，以适应你的项目结构和需求。特别是，你需要提供一个有效的模拟令牌来测试有效令牌的情况。

LLM 编写了测试代码，但是这个测试并不容易运行。由于测试没有隔离外部依赖，为了运行这组测试，我们需要一个真实的 Keycloak 服务器，还需要连接到微信服务器，还得保证我们发送给微信服务器的 code 是有效的。运行真实的 Keycloak 服务器会增加配置复杂性，降低测试运行的速度、测试便捷性和稳定性，而和微信服务器后台的互动也是一个大问题，由于我们不可能仿造出有效的 code，这个测试完全无法运行。

这不是 LLM 的问题，而是我们提供给 LLM 的产品代码不够好：我们的产品代码中没有隔离外部依赖，而 LLM 的编写的测试代码是以我们提供的产品代码为依据的。为了能够在测试中隔离 Keycloak 服务器和微信服务器，需要把测试目标聚焦于 auth 服务的逻辑正确性上，我们首先需要重构代码，隔离外部依赖。

6.4.2　改进设计获得更好的可测试性

如前所述，设计不良的代码往往也不容易测试。以上一节的/login 功能为例：

```
app.post('/login', async (req, res) => {
    const code = req.body.code;

    try {
        const response = await axios.get(`https://api.weixin.qq.com/sns/jscode2session?appid=
            ${APP_ID}&secret=${APP_SECRET}&js_code=${code}&grant_type=authorization_code`);
        const openid = response.data.openid;
    }
    // 其他代码
}
```

在上述代码中，/login 的处理函数直接调用了微信的 API，这让隔离微信服务变得非常困难。为了让代码具有可测试性，需要首先把微信服务隔离到单独的模块中。

/login 代码重构如下：

```
app.post('/login', handleLoginRequest);

async function handleLoginRequest(req, res) {
    const code = req.body.code;
    try {
        const { openid } = await getSessionInfoFromWeixin(code);
        logger.info(`login successful with openid: ${openid}`);
        const token = await generateToken(openid);
        res.send(token);
    } catch (error) {
        logger.error(error.message);
        res.status(500).send('登录失败');
    }
}

async function generateToken(openid) {
    const authResult = await keycloakAuth(openid);
    return authResult;
}

// 在 weixinAuth.js 文件中:
const axios = require('axios');
const { APP_ID, APP_SECRET } = require('./config');
async function getSessionInfoFromWeixin(code) {
    const response = await axios.get(`https://api.weixin.qq.com/sns/jscode2session?appid=
        ${APP_ID}&secret=${APP_SECRET}&js_code=${code}&grant_type=authorization_code`);
    // <其他代码略>
}
module.exports =  {getSessionInfoFromWeixin};
```

通过把 getSessionInfoFromWeixin 移动到单独的模块，我们改善了设计，也就更容易在自动化测试中隔离对微信服务的依赖了。

6.4.3 Mock 外部依赖

现在让我们利用 LLM，基于新的产品代码编写自动化测试。

> **提示**
>
> 请基于产品代码<重构后的产品代码，略>，编写“登录”功能的自动化测试。你需要模拟不同的登录情况，例如有效的 code、无效的 code、微信会话获取失败等。

LLM

当然可以。为了测试登录功能，我们需要模拟getSessionInfoFromWeixin函数的行为，因为它是与微信API交互的部分。我们可以使用Jest的Mock功能来模拟这些不同的情况。

以下是如何进行这些测试的示例。

模拟getSessionInfoFromWeixin函数：

```
jest.mock('./weixinAuth', () => ({
  getSessionInfoFromWeixin: jest.fn()
}));
```

编写测试：

```
describe('使用小程序码登录并换取令牌', () => {
    afterEach(() => {
        // 在每个测试之后重置mocks，确保没有mock状态在测试之间泄露
        jest.clearAllMocks();
    });

    it('如果小程序的Code有效，则调用auth服务，换取Token', async () => {
        const mockCode = 'validCode';
        getSessionInfoFromWeixin.mockResolvedValue({ openid: 'mockOpenid' });

        const response = await request(app)
            .post('/login')
            .send({ code: mockCode });

        expect(response.status).toBe(200);
    });

    it('如果Code被微信服务器拒绝，返回500', async () => {
        const mockCode = 'invalidCode';
        require('./weixinAuth').getSessionInfoFromWeixin.mockRejectedValue(new Error('Invalid
code'));

        const response = await request(app)
            .post('/login')
            .send({ code: mockCode });

        expect(response.status).toBe(500); // 根据你的错误处理代码进行调整
        expect(response.text).toBe('登录失败');
    });

    it('如果微信服务器出错，返回500', async () => {
        const mockCode = 'someCode';
        require('./weixinAuth').getSessionInfoFromWeixin.mockRejectedValue(new Error
            ('Weixin API failure'));
```

```
        const response = await request(app)
            .post('/login')
            .send({ code: mockCode });

        expect(response.status).toBe(500); // 根据你的错误处理代码进行调整
        expect(response.text).toBe('登录失败');
    });
});
```

在上述测试中，我们模拟了 getSessionInfoFromWeixin 函数的行为来测试不同的登录情况。我们使用了 jest.fn()来创建 mock 函数，并使用 mockResolvedValue 和 mockRejectedValue 来模拟函数的成功和失败的返回值。

6.4.4 运行测试

在编写完自动化测试代码之后，运行 Jest 测试：

```
$ jest

PASS  ./app.test.js
  白名单中的路径不需要访问令牌，其他路径需要访问令牌
    ✓ 可以不使用令牌访问路径 /auth/v1/login  (37 ms)
    ✓ 可以不使用令牌访问路径 /auth/v1/public-info  (8 ms)
    ✓ 可以不使用令牌访问路径 /auth/v1/refresh-token  (3 ms)
    ✓ 没有令牌时访问非白名单路径 /user/v1/user-info 返回 401 (5 ms)
    ✓ 持有非法令牌时访问非白名单路径 /user/v1/user-info 返回 401 (2 ms)
    ✓ 持有合法令牌时访问非白名单路径 /user/v1/user-info 不返回 401 (2 ms)
  使用小程序码登录并换取令牌
    ✓ 如果小程序的 code 有效，则调用 auth 服务，换取 Token (32 ms)
    ✓ 如果 code 被微信服务器拒绝，返回 500 (5 ms)
    ✓ 如果微信服务器出错，返回 500 (6 ms)
Test Suites: 1 passed, 1 total
Tests:       0 skipped, 9 passed, 9 total
```

这个测试结果具有良好的可读性，auth 服务提供了哪些功能一目了然。同样地，我们还需要为 refresh-token 等 API 增加对应的自动化测试。请读者们自行完成。

6.5 用大模型辅助集成 Spring 安全配置

我们已经建立了 auth 服务，可以识别并记录用户身份，能够为用户分配令牌了。为了能够在后端使用 auth 服务分配的令牌，保护后端接口，我们需要在 Spring 应用中集成响应的安全机制。本节我们仍然利用 LLM 来完成这部分工作。出于篇幅原因，

我们不再给出详细的提示，仅展示关键结果。

6.5.1 使用 Spring Security 保护 API

首先，我们需要在 Spring Boot 的 pom 文件中增加对 Spring Security 和 OAuth2 的依赖：

```
<dependency>
    <groupId>org.springframework.boot</groupId>
    <artifactId>spring-boot-starter-security</artifactId>
</dependency>
<dependency>
    <groupId>org.springframework.boot</groupId>
    <artifactId>spring-boot-starter-oauth2-resource-server</artifactId>
</dependency>
```

Spring Security 是 Spring 提供的用于身份验证和授权安全框架。OAuth2 依赖让我们把 Spring Boot 应用作为 OAuth2 的资源服务器，让 Keycloak 和 Spring Boot 应用协同工作。

接下来，我们为 Spring Boot 应用配置一个授权服务器。在本地开发阶段，我们将使用本地 Keycloak 服务。在 application.yaml 中增加如下配置：

```
spring:
  security:
    oauth2:
      resourceserver:
        jwt:
          issuer-uri: http://localhost:8088/realms/leansd
          jwk-set-uri: http://localhost:8088/realms/leansd/protocol/openid-connect/certs
```

这段配置表明，我们将使用 JWT 进行认证授权。

- `spring.security.oauth2.resourceserver.jwt.issuer-uri` 指定了 JWT 令牌的发行者 URI。
- `spring.security.oauth2.resourceserver.jwt.jwk-set-uri` 指定了 JWT 令牌的公钥 URI。Spring Security 将从这个 URI 获取公钥，用于验证 JWT 令牌的签名。这样，Spring 应用程序就可以确认令牌的有效性和可信度，从而决定是否授予用户访问资源的权限。

然后，我们在项目代码中增加一个 `SecurityConfig` 配置：

```
@Configuration
@EnableWebSecurity
public class SecurityConfig {
    @Bean
    public SecurityFilterChain securityFilterChain(HttpSecurity http) throws Exception {
        http.csrf().disable()
                .authorizeRequests().anyRequest().authenticated();
        http.oauth2ResourceServer().jwt();
        http.sessionManagement().sessionCreationPolicy(STATELESS);
        return http.build();
    }
}
```

SecurityConfig 是自定义的安全配置类，@EnableWebSecurity 注解表明我们将在 Spring 项目中启用 Web 安全功能。securityFilterChain 方法返回一个安全过滤器，这个过滤器会被注册到 Spring Security 的安全过滤器链上。如果读者不熟悉相关的知识，可以自行使用 LLM 来解读这段代码，了解相关功能的背景知识和实现方式。

现在让我们测试一下后端 API 是否已经具备了访问保护的能力。首先不携带令牌来调用“发布出行计划”的 REST API：

```
$ curl -i -X POST 'http://localhost:8080/cotrip/plan/v1/trip-plans/' \
  -H 'content-type: application/json' \
  --data-binary '<the actual data>'

HTTP/1.1 401
WWW-Authenticate: Bearer
Expires: 0
```

我们得到了 401 错误（即未授权访问）。这表明我们的安全配置已经生效了。WWW-Authenticate: Bearer 表明服务器需要一个 Bearer 格式的令牌。

现在，让我们首先按照 6.2.5 节的方法申请一个访问令牌，然后在 Header 中加入此令牌，再次调用该接口：

```
$ curl -i -X POST 'http://localhost:8080/cotrip/plan/v1/trip-plans/' \
-H 'Authorization: Bearer ${access_token}' \
-H 'content-type: application/json' \
--data-binary '<the actual data>'

HTTP/1.1 201
content-type: application/json
<其他返回数据，略>
```

我们得到了 201 返回码（代表创建成功），说明 Spring Security 配置已经正常工作了。

6.5.2 基于 HTTP 请求头的用户 ID 识别

在 5.3.4 节中，我们使用 HTTP 的查询参数来指定用户 ID，这是一个临时方案。既然 JWT 令牌中已经包含了用户 ID（即 sub），那么从 JWT 令牌数据获取信息才是更合理的选择。

修改前，REST API 的函数签名是这样的：

```
@PostMapping
public ResponseEntity<TripPlan> createTripPlan(@RequestBody TripPlanDTO tripPlanDTO,
    @RequestParam("user-id") String creatorId) {}
```

creatorId 这个参数的值来自名为 user-id 的查询参数。为了便于以后的扩展，让我们在去除@RequestParam("user-id")的同时，把 creatorId 参数做一些修改。更改方法定义如下：

```
//TripPlanController.java
@PostMapping
public ResponseEntity<TripPlan> createTripPlan(@RequestBody TripPlanDTO tripPlanDTO,
    @UserSession SessionDTO session) {}

//SessionDTO.java
@Data
@AllArgsConstructor
@NoArgsConstructor
public class SessionDTO {
    private String userId;
}

//UserSession.java
@Target(ElementType.PARAMETER)
@Retention(RetentionPolicy.RUNTIME)
public @interface UserSession {
}
```

SessionDTO 是一个新定义的类，当下它仅包含一个字段：userId。采用一个结构定义，而不是直接使用 String 类型表达 userId，有助于我们在以后进一步扩充新字段。@UserSession 是我们新定义的一个 Annotation。我们后面将使用它作为标记，从安全上下文中获取用户 ID 数据，然后填充 SessionDTO 中的 userId 数据。

接下来我们需要完成两项工作：

(1) 修改 WebMVC 的方法参数解析，让它自动填充 Controller 方法中的 SessionDTO 参数；

(2) 从安全上下文中获取用户 ID 信息，把它交给 WebMVC 方法参数解析器。

增加 Spring WebMVC 方法参数解析器

接下来让我们添加一个自定义的 Spring WebMVC 方法参数解析器，可以自动填充 createTripPlan 这类方法中的 SessionDTO 参数。首先，增加一个 Spring 配置类：

```
@Configuration
public class WebMvcConfig implements WebMvcConfigurer {
    @Autowired
    private UserSessionArgumentResolver userSessionArgumentResolver;
    @Override
    public void addArgumentResolvers(List<HandlerMethodArgumentResolver> resolvers) {
        resolvers.add(userSessionArgumentResolver);
    }
}
```

@Configuration 这个注解表明 WebMvcConfig 是一个 Spring 配置类，它实现了 WebMvcConfigurer 接口。这个接口用于配置 Spring MVC 的各种组件，如拦截器、参数解析器等。在这里，我们使用它来增加一个自定义的方法参数解析器。我们把这个参数解析器命名为 UserSessionArgumentResolver。

定义 UserSessionArgumentResolver 类，它实现了 HandlerMethodArgumentResolver 接口：

```
public class UserSessionArgumentResolver implements HandlerMethodArgumentResolver {
    @Autowired UserIdResolver UserIdResolver;

    @Override
    public boolean supportsParameter(MethodParameter parameter) {
        return parameter.getParameterType().equals(SessionDTO.class) &&
               parameter.hasParameterAnnotation(UserSession.class);
    }

    @Override
    public Object resolveArgument(NativeWebRequest webRequest,/*<其他参数, 略>*/){
        String userId = UserIdResolver.resolveUserId();
        SessionDTO session = new SessionDTO(userId);
        return session;
    }
}
```

其中，supportsParameter 决定了解析器适用于哪个参数。在本场景中，我们约定参数类型是 SessionDTO 且包含@UserSession 注解时，将会使用 UserSessionArgumentResolver 来填充这个参数。resolveArgument 方法定义了如何填充这个参数。根据由外而内的设计原则，我们先不考虑如何解析这个数据，而是定义一个新的接口 UserIdResolver，把这个职责委派给 UserIdResolver。

从安全上下文中获取用户 ID 信息，完成参数填充

现在让我们实现一个新的类 JwtUserIdResolver，从安全上下文中取得 JWT，获取用户 ID 数据：

```
public class JwtUserIdResolver implements UserIdResolver {
    @Override
    public String resolveUserId(HttpServletRequest request) {
        Authentication authentication = SecurityContextHolder.getContext().getAuthentication();
        Jwt jwt = ((JwtAuthenticationToken) authentication).getToken();
        return jwt.getClaimAsString("sub");
    }
}
```

Spring 安全机制、WebMVC 方法参数解析等问题，都不是开发者经常遇到的知识点。在没有大模型的时候，要调研清楚这类问题可能会花费相当长的时间。但是，如果能利用好大模型的能力，完成这类问题就很简单了。开发者定义问题、拆解问题的能力，成为解决这类问题的关键。这个例子就体现了典型的由外而内思维：从最终的目标出发，逐层向下，推导出每一层的类和职责。

编写自动化测试进行验证

下面我们编写一个自动化测试，验证前面完成的代码：

```
//HeaderUserIdResolverIntegrationTest.java
@SpringBootTest
@AutoConfigureMockMvc
public class JwtUserIdResolverIntegrationTest {
    @Autowired
    private MockMvc mockMvc;
    @Test
    public void requestWithJwtToken_ShouldResolveUserId() throws Exception {
        Jwt jwt = Jwt.withTokenValue("token")
                .header("alg", "none")
                .claim("sub", "123456")
                .build();
```

```
        mockMvc.perform(get("/test/session")
                .with(jwt().jwt(jwt)))
                .andExpect(content().string("123456"));
    }
}

//SessionParameterTestApiController.java
@RestController
public class SessionParameterTestApiController {

    @GetMapping("/test/session")
    public String getUserId(@UserSession SessionDTO session) {
        return session.getUserId();
    }
}
```

我们新建了一个/test/session API 端点，它返回从 JWT 中提取的 userId 数据。然后，在测试代码中，验证 API 端点返回的数据和 JWT 的 sub 信息是否一致。测试通过，表明我们已经成功实现了这个功能。

开发一个用户 ID 获取的替代方案

尽管我们已经能够通过 JWT 获取用户 ID，但在集成测试中采用这种方法的成本相对较高。那么，如果我们希望在常规的集成测试场景中找到一个更简单的替代方案，而不是真正构建一个 JWT 令牌，我们应该怎么做呢?

有许多种可能的替代方法，其中一种方法是：在 HTTP 请求头中，添加一个名为 user-id 的数据字段，以此代替 Authorization 中的 JWT。这样，我们就可以在集成测试中利用这个字段来传递用户 ID，而无须构建完整的 JWT 令牌。

由于我们已经把 UserIdResolver 声明为一个抽象接口，所以实现这个扩展非常容易。我们只需要定义一个新的实现类 HeaderUserIdResolver，它直接读取 HTTP 请求头中的 user-id 数据，然后把这个数据返回给 UserSessionArgumentResolver 就达成了期望的目标。

```
public class HeaderUserIdResolver implements UserIdResolver {
    @Override
    public String resolveUserId(HttpServletRequest request) {
        return request.getHeader(USER_ID_HEADER);
    }
}
```

这里还有一个细节，HeaderUserIdResolver 的实现用到了 HTTP 请求头信息，但是前面我们设计 UserIdResolver 的时候没有给 resolveUserId 方法定义这个参数，所以我们同时还需要更改 resolveUserId 的方法签名，给它增加 HttpServletRequest 参数：

```
public interface UserIdResolver {
    String resolveUserId(HttpServletRequest request);
}
```

现在，我们已经有了两个不同的 UserIdResolver 接口的实现类。接下来，我们只需要利用 Spring 的 profile 机制，在 dev 模式下启用 HeaderUserIdResolver，在正式环境下启用 JwtUserIdResolver，就可以达成两个实现类灵活切换的目标。分别在两个实现类上添加如下的注解即可：

```
@Component
@Profile("dev")
public class HeaderUserIdResolver implements UserIdResolver {
    @Override
    public String resolveUserId(HttpServletRequest request) {
        //<实现略>
    }
}
@Component
@Profile("default")
public class JwtUserIdResolver implements UserIdResolver {
    @Override
    public String resolveUserId(HttpServletRequest request) {
        //<实现略>
    }
}
```

小练习

▶ **练习 1：利用大模型探索认证授权域的解决方案。**

在本章中我们选择了 Keycloak，但是它并不是唯一可行的方案。请读者选择一种其他方案（例如 Auth0），分析如何把它集成到你的系统中？

▶ **练习 2：利用大模型实现新功能和自动化测试。**

请实现更新用户信息的 API 和对应的自动化测试：PUT /user-info，用户信息由 Keycloak 进行实际管理。

▶ **练习 3：结合 6.5 节的讲解，利用大模型的知识探索和发现功能，给不熟悉这个领域的开发者撰写一篇介绍 Spring 安全配置的文章。**

第 7 章

构建持续集成基础设施

持续集成是演进式设计的重要基础设施。本章我们将介绍如何利用大模型的能力，搭建 Jenkins 服务器，设计持续集成流水线，以及进行容器化部署。在共享出行案例中，我们将使用容器和 Kubernetes 部署我们的服务，所以本章也包括了对容器和 Kubernetes 基础的介绍。

7.1 持续集成加速演进式设计

持续集成的本质是建立一个持续的质量反馈体系，而不是一套工具或自动化构建的系统。单纯应用 Jenkins 或 GitHub Actions 等工具并不等同于实现了持续集成，持续集成的根本目标是：

- 构建一个持续反馈的体系，以便在问题出现的第一时刻和第一现场发现并解决问题；
- 构建一个自动化流水线，将环境细节和技术细节隔离开来，使开发人员能够专注于功能的开发。

接下来，我们将通过一个真实案例，说明良好的持续集成环境是如何有效地支持系统快速演进的。

案例：在 Location 类中增加 name 字段

我们在 5.1 节定义了一个 `Location` 类，声明如下：

```
public class Location {
    private double longitude;
    private double latitude;
    public Location(double longitude, double latitude) {
```

```
        this.longitude = longitude;
        this.latitude = latitude;
    }
}
```

其实这个设计不够周全，它遗漏了一个关键字段。请对比图 7.1 和图 7.2。

图 7.1 发布出行计划

图 7.2 取消出行计划

图 7.1 是发布出行计划的界面，图 7.2 是取消出行计划的界面。由于 Location 类的定义遗漏了 name 信息，所以数据库中没有储存地址的名称。当用户取消出行计划时，就出现了图 7.2 的情况。

修复这个问题很容易。只需要在 Location 中增加 name 信息即可。不过，系统的很多地方可能用到了 Location 数据，如何避免这个修改带来意料之外的问题呢？

完备的自动化测试建立了安全网

当代码复杂到一定程度的时候，要完整地发现所有变更影响是很困难的。但是，如果我们有完备的自动化测试，就会安全得多。在这个案例中，当我们添加了 name 字段之后，立即在本地运行自动化测试，得到了如图 7.3 所示的结果。

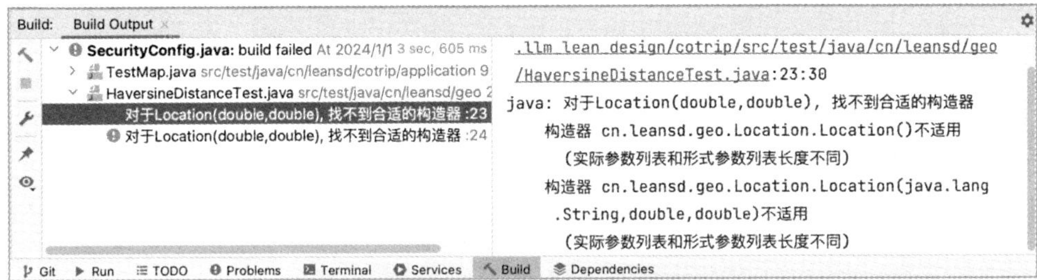

图 7.3 运行自动化测试—编译失败

这是个小问题：缺少一个以经纬度为参数的构造函数。因为原来的构造函数是 lombok 生成的，所以增加成员变量之后，默认的参数列表就从 2 个变为了 3 个。让我们手动增加一个构造函数，然后再次运行测试，得到了如图 7.4 所示的结果。

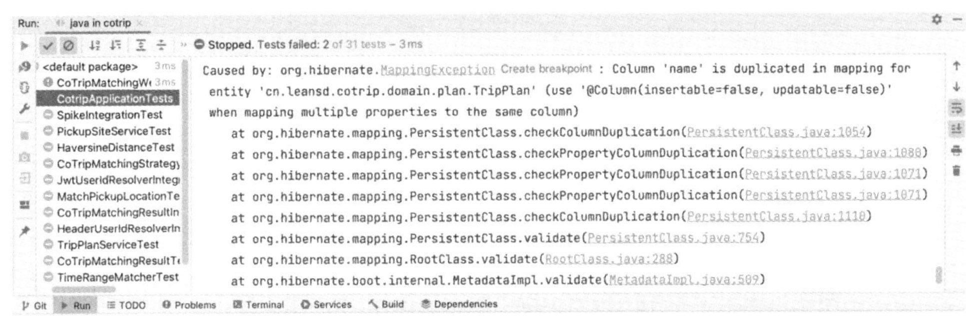

图 7.4 运行时错误-重复的列名

原来的错误消失了，但是 Spring 应用在启动过程中出现了新的运行时错误：在 `TripPlan` 中出现了两个列名为 `name` 的字段。查看 `PlanSpecification` 的代码：

```
public class PlanSpecification extends ValueObject {
    @Embedded
    @AttributeOverrides({
            @AttributeOverride(name = "latitude",
             column = @Column(name = "start_longitude")),
            @AttributeOverride(name = "longitude",
             column = @Column(name = "start_latitude")),
    })
    private Location departureLocation;
    @Embedded
    @AttributeOverrides({
            @AttributeOverride(name = "latitude",
             column = @Column(name = "destination_longitude")),
            @AttributeOverride(name = "longitude",
             column = @Column(name = "destination_latitude")),
```

```
    })
    private Location arrivalLocation;
    @Embedded
    @AttributeOverrides({
            @AttributeOverride(name = "start",
             column = @Column(name = "departure_time_start")),
            @AttributeOverride(name = "end",
             column = @Column(name = "departure_time_end")),
    })
    private TimeSpan plannedDepartureTime;
    private int requiredSeats;
}
```

问题很明显，departureLocation 和 arrivalLocation 都是 Location 类型，同时又都是嵌入式字段，因此新加入的 name 字段也需要有列名映射。仿照既有的 start 和 end 字段添加 name 字段的列名映射后，再次运行自动化测试，结果如图 7.5 所示。

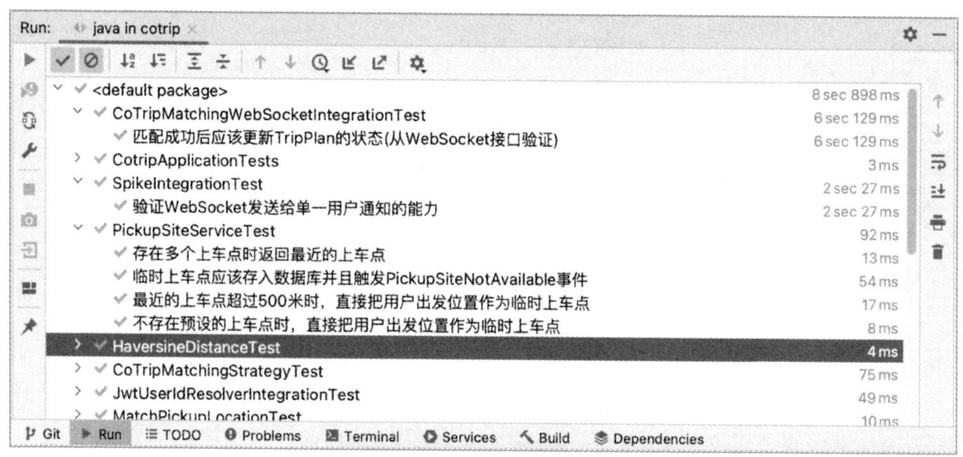

图 7.5 运行自动化测试-全部通过

所有测试都通过了，证明我们的修改没有触发问题。所以，我们可以放心地提交代码，并且把代码推送到远程代码仓库。

利用持续集成服务器自动完成发布

当我们把代码推送到远程代码仓库后，持续集成服务器会检测到代码库发生了变更，于是开始自动编译、测试、打包和上传 Docker 镜像，如图 7.6 所示。

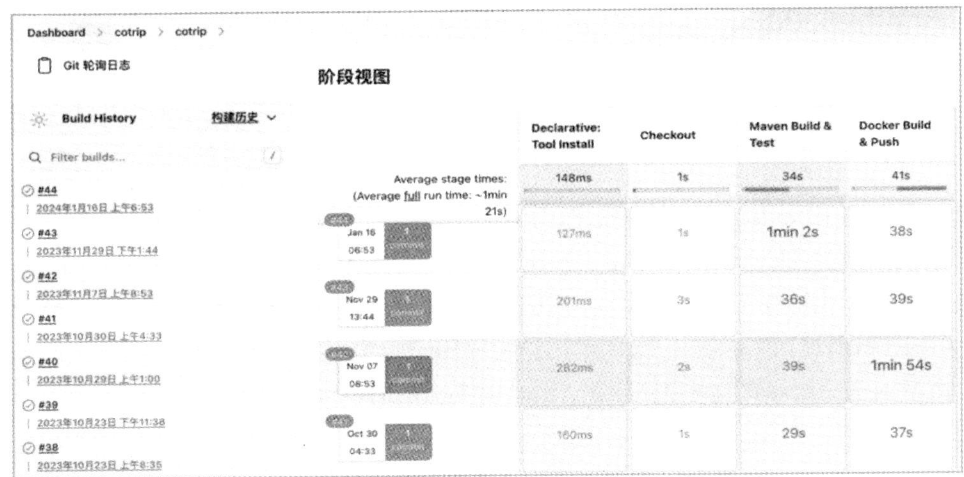

图 7.6 持续集成服务器

Kubernetes 服务器拉取新的镜像，Pod 重启，然后再次打开小程序，发布一个新的出行计划并取消，就可以看到地址名称显示已经正常了。

这个案例并不复杂，改动相对安全，修改代码的工作量也不大。但是，它也同样反映了软件开发过程中自动化测试和持续集成基础设施的重要性。正是因为我们已经建立了完备的自动化体系，所以我们可以不必担心修改带来未知的影响，快速完成问题修复并上线。接下来让我们探讨如何利用大模型辅助构建现代化的持续集成和发布的基础设施。

7.2 用大模型辅助构建持续集成流水线

随着云服务和容器化技术的发展，使用现成的云服务进行持续集成和持续交付（CI/CD）是一个比较高效的选择。不过在本书中，为了向读者更深入地讲解 CI/CD 的内部机制和操作步骤，我们没有依赖这些云服务，而是使用开源的持续集成系统 Jenkins，构建一个持续集成流水线，实现从代码提交到上线发布的自动化。

7.2.1 安装 Jenkins

安装和启动 Jenkins 服务相对简单。如果你已经有一个容器运行环境，只需运行以下 Docker 命令，就可以启动一个 Jenkins 服务器：

```
docker run -d -p 8080:8080 -p 50000:50000 --name jenkins jenkins/jenkins:lts
```

不过，Jenkins 官方镜像提供的功能仅包含默认配置，功能有限。为了能让持续集成服务器支持我们的特定需求，例如可以编译 Java 文件、运行 node.js 应用等，还需要进一步设置并安装插件。

首先，根据共享出行项目的需要，我们要确保 Jenkins 能够使用 JDK17、Node.js、Maven 以及 kubectl 这些工具。这些工具对于构建和部署共享出行的 cotrip 服务、auth 服务是必需的。Jenkins 提供了丰富多样的插件来支持这些能力，手动安装插件的方式较为烦琐，也不利于未来的复用。更好的方式是在官方 Jenkins 镜像的基础上，定制和构建我们自己的 Docker 镜像。在这个新镜像中，我们会包含所有必需的工具和插件，而且在后续需要时可以继续演进这个镜像。现在就让我们尝试构建自己的 Jenkins 镜像。

提示

我需要构建一个定制化的 Jenkins 镜像，使用的基础 Docker 镜像是 jenkins/jenkins:2.421-jdk17，我需要安装 Docker CLI、Maven、Node.js 和 kubectl，还需要安装 git、maven-plugin、kubernetes、kubernetes-cli、docker-plugin、docker-workflow、workflow-aggregator、pipeline-stage-view、htmlpublisher 这些 Plugin，全部使用最新版本，请帮我编写 Dockerfile。

我们给 LLM 提出了一组要求，包括目标、使用的基础镜像及所需要安装的插件。

LLM

您请求的 Dockerfile 包括了从基础 Jenkins 镜像开始，安装 Docker CLI、Maven、Node.js 以及一系列 Jenkins 插件的步骤。以下是一个示例 Dockerfile：

```
# 指定基础镜像
FROM jenkins/jenkins:2.421-jdk17

# 使用 root 用户安装依赖
USER root

# 安装 Docker CLI
RUN apt-get update && apt-get install -y \
    apt-transport-https \
    ca-certificates \
    curl \
    gnupg-agent \
    software-properties-common \
```

```
&& curl -fsSL https://download.docker.com/linux/debian/gpg | apt-key add - \
&& add-apt-repository \
    "deb [arch=amd64] https://download.docker.com/linux/debian $(lsb_release -cs) stable" \
&& apt-get update \
&& apt-get install -y docker-ce-cli

# 安装 Maven
RUN apt-get update && apt-get install -y maven

# 安装 Node.js (版本 18)
RUN curl -fsSL https://deb.nodesource.com/setup_18.x | bash - \
&& apt-get install -y nodejs

# 安装 kubectl
RUN curl https://mirrors.aliyun.com/kubernetes/apt/doc/apt-key.gpg | apt-key add -
RUN echo "deb https://mirrors.aliyun.com/kubernetes/apt/ kubernetes-xenial main" >
/etc/apt/sources.list.d/kubernetes.list
RUN apt-get update & apt-get install -y  kubectl

# 清理缓存以减小镜像体积
RUN apt-get clean && rm -rf /var/lib/apt/lists/*

# 安装 Jenkins 插件
# 注意：最好指定插件的版本号以确保构建的一致性，这里使用 latest 仅作为示例
RUN jenkins-plugin-cli --plugins \
    git \
    maven-plugin \
    kubernetes \
    kubernetes-cli \
    docker-plugin \
    docker-workflow \
    workflow-aggregator \
    pipeline-stage-view \
    htmlpublisher

# 切换回 Jenkins 用户
USER jenkins

# 暴露 Jenkins 端口
EXPOSE 8080 50000
```

在这个 Dockerfile 中：

- FROM jenkins/jenkins:2.421-jdk17 指定了基础镜像；
- USER root 切换到 root 用户来安装软件；
- 使用 apt-get 安装 Docker CLI 和 Maven；
- 通过从 NodeSource 安装 Node.js 版本 18；
- 使用 jenkins-plugin-cli 命令来安装 Jenkins 插件，这是 Jenkins 2.222 以后的新方式，替代了老的 install-plugins.sh 脚本；

- EXPOSE 指令暴露了 Jenkins 所需的端口；
- ENTRYPOINT 指定了容器启动时执行的命令。

在实际部署之前，请确保您已经测试了 Dockerfile 并确保它符合您的环境和需求。您可以通过运行以下命令来构建镜像：

```
docker build -t my-custom-jenkins .
```

然后，您可以使用以下命令来运行您的自定义 Jenkins 容器：

```
docker run -p 8080:8080 -p 50000:50000 my-custom-jenkins
```

确保您有权限运行这些 Docker 命令，并且理解每个命令的作用。在生产环境中，您可能需要确保 Jenkins 插件的版本能够与您的 Jenkins 版本兼容，并且持续跟踪更新以确保安全。

LLM 的输出质量很高，这个 Dockerfile 基本直接可用[①]，仅需要进行下面两点优化。

- 我们需要 Jenkins 服务器共享宿主机的 Docker 环境，所以加入命令行参数--user=root --volume=/run/host-services/docker.proxy.sock: /var/run/docker.sock，这个参数挂载宿主机的 Docker 套接字到容器内的指定位置，从而允许容器内的进程控制宿主机的 Docker 守护进程。
- 我们希望 Jenkins 的数据保存在宿主机上，所以通过 volume 参数来挂载数据目录，--volume jenkins_home:/var/jenkins_home，其中 jenkins_home 是存储 Jenkins 数据的宿主机目录，在我的环境中我把它设置为宿主机的/data/jenkins_home。

运行下面的命令：

```
docker run --user=root --volume=/run/host-services/docker.proxy.sock:/var/run/docker.sock --volume
/data/jenkins_home:/var/jenkins_home -p 8080:8080  -p 50000:50000 -d leansd/jenkins
```

一个符合我们要求的自定义 Jenkins 服务器就配置完成了。

7.2.2 设计持续集成流水线

在 Jenkins 上，流水线的具体步骤是通过 Jenkinsfile 来描述的。下面是使用大模型辅助编写的 auth 服务的 Jenkinsfile：

---

① LLM 输出的 kubectl 的安装地址已手动更新为阿里云地址。

```
pipeline {
  agent any
  environment {
    DOCKER_IMAGE = 'registry.cn-hangzhou.aliyuncs.com/leansd/auth:latest'
    KUBECONFIG_CREDENTIAL_ID = 'kubeconf_server'
  }
  stages {
    stage('Checkout') {
      steps {
        checkout([
          $class: 'GitSCM',
          branches: [[name: 'main']],
          doGenerateSubmoduleConfigurations: false,
          extensions: [],
          submoduleCfg: [],
          userRemoteConfigs: [[
              url: 'https://gitee.com/leansd/auth.git'
          ]]
        ])
      }
    }
    stage('Unit Test') {
      steps {
        sh 'npm install'
        sh 'npm run test'
        junit '**/test-results/jest/*.xml'
      }
    }
    stage('Docker Build & Push') {
      when {
        expression { currentBuild.resultIsBetterOrEqualTo('SUCCESS') }
      }
      steps {
        script {
          docker.build("${DOCKER_IMAGE}")
          docker.withRegistry('https://registry.cn-hangzhou.aliyuncs.com/emergentdesign/leansd',
              'aliyun-docker-registry-credentials') {
              docker.image("${DOCKER_IMAGE}").push()
          }
        }
      }
    }
  }
}
```

在这个流水线中，我们依次执行了设置环境变量、从 git 仓库拉取最新的代码、安装依赖和执行单元测试、构建 Docker 镜像等步骤。

持续集成流水线是完全自动化的。在 Jenkins 中，我们可以设置触发器，监控代码库的提交情况，触发流水线开始进行构建。图 7.7 是 auth 服务的持续集成流水线在某个时刻的状态。auth 标题前的图标表明当前的构建是成功的，阶段视图展示了最近若干次的构建情况。

阶段视图

	Checkout	Unit Test	Docker Build & Push
Average stage times: (Average full run time: ~55s)	1s	7s	44s
#18 Oct 19 09:00 2 commits	1s	9s	55s
#17 Oct 19 08:30 1 commits	1s	9s	32s
#16 Oct 19 08:25 1 commits	1s	7s	26s failed

图 7.7 auth 服务持续集成流水线的运行情况

完备的自动化测试对持续集成的可靠反馈至关重要。图 7.8 展示了 auth 服务的自动化测试在持续集成服务器上的运行结果。

Test Result : (root)

0次失败 (±0) , 1 skipped (±0)

16个测试 (±0)
花了

所有的测试

Class	花的时间	失败	(区别)	跳过	(区别)	Pass	(区别)	总数	(区别)
使用小程序码登录并换取令牌 如果CODE被微信服务器拒绝，返回500	8 毫秒	0		0		1		1	
使用小程序码登录并换取令牌 如果小程序的CODE有效，则调用Auth服务，换取Token	42 毫秒	0		0		1		1	
使用小程序码登录并换取令牌 如果微信服务器出错，返回500	6 毫秒	0		0		1		1	
刷新令牌 如果BODY中没有给出刷新令牌，则应该返回400错误	4 毫秒	0		0		1		1	
刷新令牌 如果keyCloak服务器错误，返回500错误	4 毫秒	0		0		1		1	
刷新令牌 如果刷新令牌无效，返回500错误	4 毫秒	0		0		1		1	

图 7.8 auth 服务的自动化测试运行结果

7.3 用大模型支持容器化部署

虽然发布应用不一定需要容器和 Kubernetes，但是在云原生时代，容器技术的发展和 Kubernetes 平台大幅提升了应用部署的灵活性和可管理性。因此在共享出行案例中，我们首选使用容器化和 Kubernetes 的方式进行服务部署。

7.3.1 编写 Dockerfile

在介绍 Keycloak 时，我们已经使用 Docker 环境启动过 Keycloak 服务：

```
$ docker run -p 8080:8080 -e KEYCLOAK_ADMIN=admin -e KEYCLOAK_ADMIN_PASSWORD=admin quay.io/Keycloak/
Keycloak:22.0.1 start-dev
```

如果我们希望自己开发的 cotrip 或者 auth 服务也能如此方便地运行，就需要创建自己的 Docker 镜像了。为了创建镜像，我们需要编写 Dockerfile，让我们以 cotrip 服务为例。

提示

请为我的 Spring Boot 项目创建一个 Dockerfile。我的项目的信息如下：

1. 基于 Spring Boot 3
2. 运行在 Java 17
3. 项目名称叫 cotrip

你可以参考如下的 Maven 信息：

```
<groupId>demo.leansd.cn</groupId>
<artifactId>cotrip</artifactId>
<version>0.0.1-SNAPSHOT</version>
```

LLM

基于您提供的信息，以下是为您的 Spring Boot 项目创建的 Dockerfile：

```
# 使用官方的 Java 17 基础镜像
FROM openjdk:17-jdk-slim

# 设置工作目录
WORKDIR /app
```

```
# 将 Maven 构建的 jar 文件复制到容器中
COPY target/cotrip-0.0.1-SNAPSHOT.jar /app/cotrip.jar

# 暴露 8080 端口
EXPOSE 8080

# 设置容器启动时的命令
CMD ["java", "-jar", "cotrip.jar"]
```

请按照以下步骤使用此 Dockerfile。

1. 确保您已经在项目根目录下运行了 mvn clean package，这样 Maven 会在 target 目录下生成一个名为 cotrip-0.0.1-SNAPSHOT.jar 的可执行 jar 文件。
2. 将上述 Dockerfile 内容保存到项目的根目录，并命名为 Dockerfile。
3. 在项目的根目录下运行以下命令，构建 Docker 镜像：

   ```
   docker build -t demo.leansd.cn/cotrip:0.0.1-SNAPSHOT .
   ```

4. 运行容器：

   ```
   docker run -p 8080:8080 demo.leansd.cn/cotrip:0.0.1-SNAPSHOT
   ```

现在，您的 Spring Boot 应用应该在 Docker 容器中运行，并监听 8080 端口。您可以通过浏览器或其他工具访问它。

LLM 不仅完成了 Dockerfile 的编写，而且给出了如何编译和运行容器的步骤。按照这个步骤，我们就可以顺利启动容器了。

7.3.2 用 Kubernetes 管理服务

虽然容器已经大幅提高了部署的效率，但是它还有一定的运维复杂性，例如如何同时在不同的节点上运行多个容器副本，实现滚动升级等。Kubernetes 的出现，可以把上述任务全部自动化。

- 如果希望 cotrip 服务在测试和生产环境中运行不同的 profile，就可以通过 Kubernetes 的 ConfigMaps 或者 Secrets 来管理环境变量，用同一份镜像，实现不同部署环境的差异化配置。
- 如果希望 cotrip 具备对故障的自我修复能力，就可以通过 Kubernetes 的 liveness probes 检测容器的运行时问题，并自动重新启动。
- 如果希望实现无感升级，就可以利用 Kubernetes 的滚动更新机制，逐渐替换旧版本的 Pods。新旧版本的共存，保证了更新期间服务不会中断。

- Kubernetes 提供了集中式的监控和日志服务，可以实时查看服务状态，也让问题诊断变得更加直观。

总之，Kubernetes 屏蔽了大量和运维有关的复杂性，让我们可以把宝贵的精力投入到提升用户体验和系统功能上。因此，在共享出行业务中，我们选择使用 Kubernetes 平台来运行 cotrip 和 auth 等服务，图 7.9 展示了共享出行的部署规划。

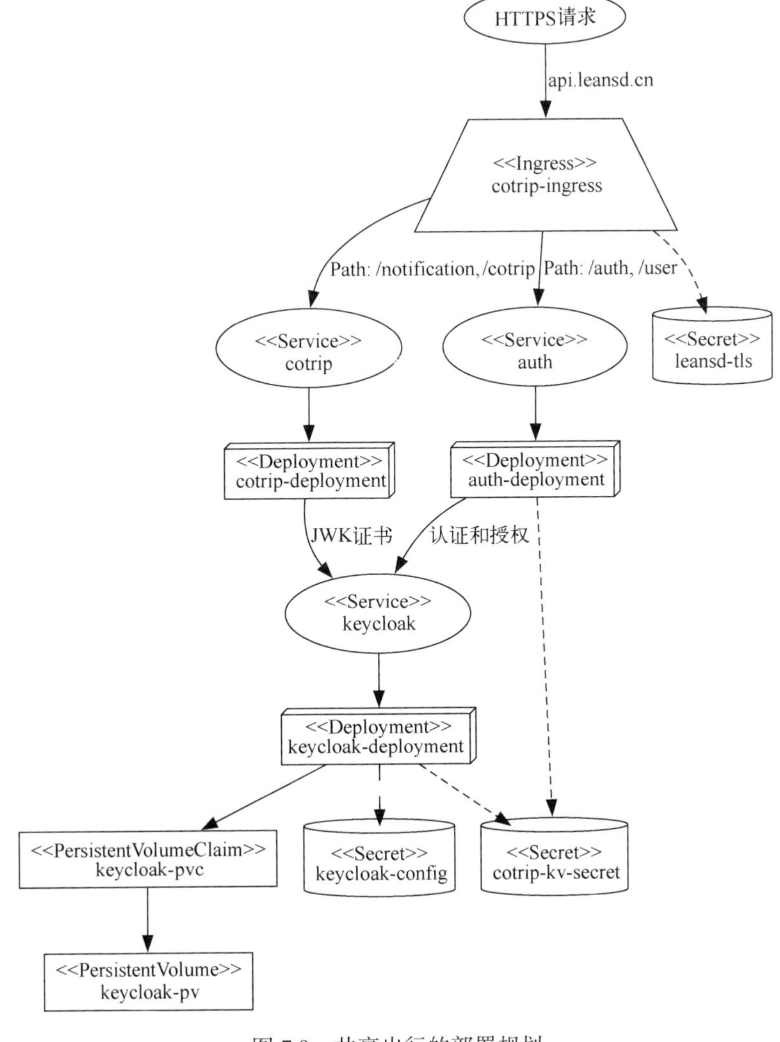

图 7.9 共享出行的部署规划

下面逐层介绍其中的关键元素。

- cotrip-ingress：外部访问入口。“共享出行”对前端提供的服务以 api.leansd.cn 公开。凡是以这个域名为目标地址的外部流量，将由 cotrip-ingress 负责处理。leansd-tls 这个 Secret 存储了 TLS 证书和私钥，用于 cotrip-ingress 对 HTTPS 的支持。cotrip-ingress 根据路径前缀（如 notification、cotrip、auth、user）决定具体把请求转发到 cotrip 或 auth 服务。
- cotrip 和 auth：这两个服务负责接收从 cotrip-ingress 过来的流量，并将其交给各自对应的 Pod 处理。
- cotrip-deployment 和 auth-deployment：负责管理 cotrip 核心应用以及 auth 认证应用的 Pod 部署。
- keycloak：提供了对用户管理、认证授权的支持。
- keycloak-deployment：管理 keycloak 的 Pod 部署。keycloak-pvc 和 keycloak-pv 负责持久化 Keycloak 的运行时数据，keycloak-config 存储了 keycloak 的初始化配置，cotrip-kv-secret 存储了管理员密码等信息。

7.3.3 编写 Kubernetes 资源配置文件

在 Kubernetes 中，我们通常使用 YAML 文件定义各种部署规则。这些 YAML 文件被称为“资源定义”或“资源配置”文件。当我们执行 `kubectl apply -f *.yaml` 时，Kubernetes 就会基于 YAML 文件创建或更新实际的资源对象，这就让部署变成了一个完全自动化的过程。

现在，让我们使用大模型的能力，辅助我们编写 cotrip 服务的部署资源配置文件。

提示

我现在有一个镜像：'registry.cn-hangzhou.aliyuncs.com/leansd/cotrip:latest'，我计划把它部署在 Kubernetes 集群中。

这个 Deployment 对应的服务 cotrip 暴露 8080 端口，支持 HTTP 和 WebSocket 协议。

它需要配置两个环境变量：

1. 'spring.security.oauth2.resourceserver.jwt.issuer-uri'，值为 'http://keycloak:8088/realms/leansd'；
2. 'spring.security.oauth2.resourceserver.jwt.jwk-set-uri'，值为'http://keycloak:8088/realms/leansd/protocol/openid-connect/certs'。

请基于上述信息编写 YAML 文件。

LLM

要将您提到的镜像部署到 Kubernetes 集群，并配置所需的环境变量以及服务以暴露 8080 端口，支持 HTTP 和 WebSocket 协议，您可以使用以下的 YAML 定义文件。

```
apiVersion: apps/v1
kind: Deployment
metadata:
  name: cotrip-deployment
spec:
  replicas: 1
  selector:
    matchLabels:
      app: cotrip
template:
  metadata:
    labels:
      app: cotrip
    spec:
      containers:
      - name: cotrip
        image: registry.cn-hangzhou.aliyuncs.com/leansd/cotrip:latest
        ports:
        - containerPort: 8080
        env:
        - name: spring.security.oauth2.resourceserver.jwt.issuer-uri
          value: 'http://keycloak:8088/realms/leansd'
        - name: spring.security.oauth2.resourceserver.jwt.jwk-set-uri
          value: 'http://keycloak:8088/realms/leansd/protocol/openid-connect/certs'
---
apiVersion: v1
kind: Service
metadata:
  name: cotrip
spec:
  selector:
    app: cotrip
  ports:
    - protocol: TCP
      port: 8080
      targetPort: 8080
```

这个 YAML 文件由两部分组成。

- Deployment：这部分定义了如何部署容器化应用 cotrip。它包括指定的镜像、副本数、选择器标签以及容器端口。同时，它设置了两个环境变量来配置 JWT 与 Keycloak 的交互。
- Service：这个 Service 定义将使您的应用可以在 Kubernetes 集群内部被访问。它通过标签选择器关联到 Deployment，并指定了内部通信端口 8080。

> 如果您还需要从集群外部访问服务，可能需要定义一个 Ingress 资源来暴露 HTTP/HTTPS 路由到您的服务，或者将服务类型设置为 LoadBalancer 或 NodePort，这取决于您的具体需求和 Kubernetes 环境。
>
> 记住，您需要确保 Keycloak 服务可通过 http://keycloak:8088 被解析和访问，这可能需要 Keycloak 同样在 Kubernetes 中运行且其服务也被命名为 keycloak，且在相同的 Kubernetes 命名空间下。

LLM 完成了 YAML 文件的编写，而且很清晰地提醒我们需要创建对应的 Ingress 资源以及保证 Keycloak 服务可用。按照同样的步骤，我们可以创建服务所对应的资源文件，然后我们的服务就可以运行在 Kubernetes 平台上了。

7.3.4 在 Kubernetes 集群中部署资源

如果我们已经完成了所需的 YAML 文件，我们就可以在 Kubernetes 集群中应用这些 YAML 文件，然后从系统外部访问（需要配置好 Ingress），就可以看到系统已经可以正常工作了。

我们查看一下 Kubenetes 在成功应用这些资源描述文件之后的状态：

```
$ kubectl get ingress
NAME                CLASS   HOSTS              ADDRESS   PORTS     AGE
cotrip-ingress      nginx   api.leansd.cn                80, 443   12d
```

这表明有一个 ingress 在运行，它负责转发所有 api.leansd.cn 的流量，同时在端口 80（HTTP）和 443（HTTPS）上监听。你还可以进一步查看这个 ingress 的细节：

```
$ kubectl describe ingress cotrip-ingress
Name:             cotrip-ingress
Namespace:        default
Ingress Class:    nginx
TLS:
  leansd-tls terminates api.leansd.cn
Rules:
  Host            Path  Backends
  ----            ----  --------
  api.leansd.cn
                  /notification   cotrip:8080 (192.168.130.247:8080)
                  /cotrip         cotrip:8080 (192.168.130.247:8080)
                  /auth           auth:8848 (192.168.130.201:8848)
                  /user           auth:8848 (192.168.130.201:8848)
```

类似地，也可以查看 Service、Pods 等的状态，例如：

```
$ kubectl get pods
NAME                                       READY   STATUS    RESTARTS   AGE
auth-59d75fdbcd-sj9v6                      1/1     Running   0          53d
cotrip-8566dc46d8-67xt7                    1/1     Running   0          12d
ingress-nginx-controller-566bf8fbf-zsv2m   1/1     Running   0          52d
keycloak-59df5c9bf9-pbkf8                  1/1     Running   0          53d
```

最后是本章的小练习。

小练习

- 练习 1：在大模型的辅助下，为 auth 服务编写 Dockerfile。
- 练习 2：在大模型的辅助下，为共享出行核心域 cotrip 服务的持续集成流水线编写 Jenkinsfile。

第 8 章

实现微信小程序

微信小程序是运行于微信平台之上的轻量级应用，无须下载，非常适合“共享出行”的业务形态。本章首先介绍微信小程序开发的基础知识，然后将利用大模型的能力，设计和实现发布出行计划、通知撮合已成功等前端功能，从而实现完整的共享出行业务。

8.1　微信小程序开发基础

微信小程序有较为完善的开发文档，读者可自行根据需要查阅。此处我们仅介绍在后续开发过程中将要用到的一些必需的基础知识。

8.1.1　微信小程序的结构

微信小程序是组件式结构，包含应用（App）、页面（Page）和组件（Component）三个层次。

- 应用位于微信小程序的最顶层，控制整个小程序的运行。一个小程序内只有一个应用，负责小程序的整体架构和生命周期管理。
- 页面是小程序的主要内容展示区域。页面之间可以通过链接、导航或路由规则跳转。
- 组件是构成小程序页面元素的基本单元。微信小程序框架已经提供了许多预定义的功能或 UI 元素，如视图容器、按钮、输入框、列表、地图等，开发者也可以根据需要自定义组件，以实现能力的封装和复用。

除了上述三个层次的组件，开发微信小程序还需要了解一些关键特性。

- 事件系统：小程序的事件系统提供点按、手势（如通过手指进行放大或缩小）、长按和触摸等事件。可以在组件上绑定事件和对应的处理函数，实现对用户事件的处理。此外，还可以通过自定义事件，实现更丰富的交互。
- 数据绑定：通过数据绑定，可以实现数据源和页面元素之间的自动更新。
- 数据传递：在父子组件之间，可以通过属性进行数据传递。
- 路由管理：实现页面之间的跳转。
- API 接口：小程序提供了许多 API 接口，例如登录、获取用户信息、位置服务和支付等。
- 插件支持：小程序支持使用第三方插件来扩展功能，如地图位置选取、两点间路径计算等。

一个典型的小程序代码结构如下：

```
├──app.json
├──app.ts
├──app.wxss
├──components
│   ├──address-selector
│   │   ├──address-selector.json
│   │   ├──address-selector.ts
│   │   ├──address-selector.wxml
│   │   └──address-selector.wxss
│   ├──number-selector
│   ├──plan
│   └──waiting
└──pages
    ├──mine
    └──trip
        ├──trip.json
        ├──trip.ts
        ├──trip.wxml
        └──trip.wxss
```

- app.json 文件定义了小程序的全局配置，如页面、窗口样式、底部导航标签、插件和用户权限等。app.ts 包含了对应用生命周期的处理，例如在启动时的行为。app.wxss 文件用于设置小程序的样式。
- components 目录用来放置自定义组件，每个组件都包括.json、.ts、.wxml（负责页面结构）和.wxss（负责页面样式）文件。
- pages 文件夹包含了本小程序的页面。页面和组件的目录结构相仿。

8.1.2 小程序开发环境

搭建一个小程序的开发环境比较简单。它需要开发者有一个账号，然后下载和安装微信开发者工具，就可以开始小程序的开发了。

注册开发账号，创建小程序

首先，你需要注册一个开发账号，创建小程序。在这个步骤中，需要声明你的账号主体（个人或企业），填写微信小程序信息等。然后，注册成功后，你会获得一个微信小程序的 AppID，这个 ID 是微信小程序的唯一标识。更详细的步骤和信息可以参阅微信小程序的在线文档。

安装微信开发者工具

微信开发者工具是官方提供的开发工具，提供代码编辑、预览、调试等功能。这是我们的主要开发环境。开发者工具可以在微信公众平台上下载。安装完成后，打开工具，使用微信开发者账号登录，即可开始小程序的开发。

8.2 规划界面原型

在开始开发共享出行的前端之前，我们需要规划共享出行小程序的界面原型设计方案。根据和后端开发同样的演进式设计原则，在当前阶段，我们将优先支持初始迭代的功能：

- 发布出行计划；
- 显示等待撮合；
- 在撮合成功后展示会合点和联系方式。

8.2.1 原型设计

图 8.1 展示了共享出行小程序的主界面。

图 8.1 共享出行小程序界面设计

共享出行界面的底部包含两个标签："出行"和"我的"。出行页面会根据当前状态的不同展示不同的内容。例如，如果出行计划已发布，则切换为"等待拼友"；如果已经撮合成功，则切换为"拼车成功"。

8.2.2 映射到页面和组件

由于图 8.1 的各个界面本质上都是对当前行程状态的展示，而且设计元素也非常一致，所以我们把它们通过同一个页面来呈现，不同的状态对应于不同的状态组件。此外，我们还需要增加一个"取消成功"的组件，以展示出行计划已经被用户取消的状态。在"我的"页面中，我们暂时使用一个简单的可滚动的列表，来表达用户的所有行程。

图 8.2 展示了页面和组件的整体结构。

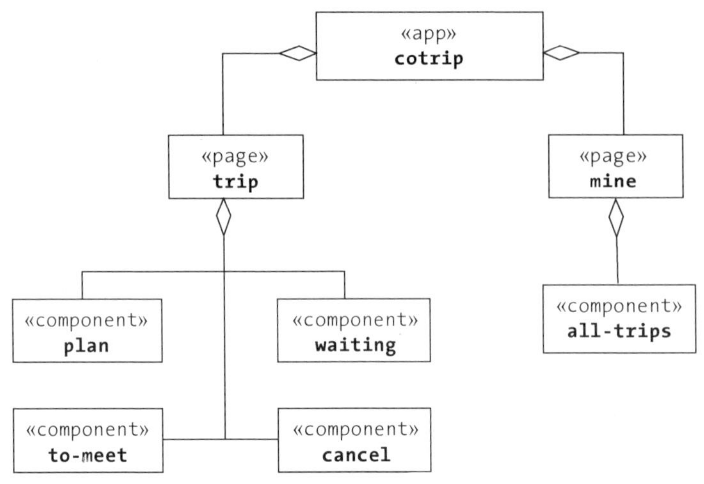

图 8.2 共享出行小程序的页面和组件

其中，trip 对应底部标签的“出行”，mine 对应于底部标签的“我的”。

按照由外而内的原则，我们首先构建总体的程序框架。在小程序自动创建的框架代码基础上，我们增加两个空白页面 trip 和 mine，然后在 app.json 中增加如下代码：

```
"tabBar": {
  "borderStyle": "black",
  "list": [
        {
                "pagePath": "pages/trip/trip",
                "text": "出行",
                "iconPath": "img/car_white.png",
                "selectedIconPath": "img/car_filled.png"
        },
        {
                "pagePath": "pages/mine/mine",
                "text": "我的",
                "iconPath": "img/person_white.png",
                "selectedIconPath": "img/person_filled.png"
        }
  ]
}
```

在微信开发者工具中运行小程序，就可以看到这两个页面了。当然，此时这两个页面还是空的，没有什么实质性功能。根据规划，trip 页面中我们将展示一张地图和一个状态组件。这个组件可能是 plan、waiting、to-meet 和 cancel 之一，分别对应出行的“发布出行计划”“等待撮合”“前往会合点”和“已取消”四个状态。

接下来就让我们实现第一个用例：发布出行计划。

8.3　用大模型辅助前端开发

大模型非常擅长开发前端应用。本节读者将会看到一个典型的大模型辅助前端开发过程。它遵循由外而内的设计原则，首先关注页面整体，然后实现具体的页面组件。如果有必要，我们还会利用大模型完成通用组件的重构和抽取。在页面设计完成之后，我们将和后端 API 进行集成。

8.3.1　完成页面整体框架

首先完成“发布出行计划”页面的总体设计。

提示

我正在设计一个微信小程序。请你按要求实现一个页面的 WXML 和 WCSS 文件。要求如下。

1. 页面以 trip 命名。它包含 2 个子组件：内建的 map 组件和自定义的 plan 组件。
2. 要求 map 组件充满屏幕，plan 组件浮于 map 组件上方，宽度和屏幕宽度相同。
3. 你可以假定 plan 组件已经存在，后续我们很快会创建它。

我们在提示中给出了页面设计的设计要求。此外，第三点要求很重要。我们告诉大模型，我们将采取“分而治之”的策略，把一部分内容延迟实现，这样有助于保持单次任务的聚焦，提升大模型输出的质量。

LLM

为了实现微信小程序页面的设计需求，你需要使用小程序的 WXML 标记语言来布局页面，并使用 WCSS 样式表来定义它们的样式。以下是实现页面所需的 WXML 和 WCSS 代码：

```
WXML (trip.wxml)
<view class="container">
  <map id="map" class="full-screen-map"></map>
  <view class="plan-component">
    <plan></plan>
  </view>
</view>
```

这个 WXML 文件定义了一个容器 view，内含一个 map 组件和一个自定义的 plan 组件。这里的<plan></plan>标签代表你的自定义组件。

```
WCSS (trip.wxss)
.container {
  position: relative;
  height: 100%; /* 容器占满整个屏幕 */
}

.full-screen-map {
  width: 100%; /* 地图宽度占满整个屏幕 */
  height: 100%; /* 地图高度占满整个屏幕 */
  position: absolute;
  top: 0;
  left: 0;
  z-index: 1; /* 确保地图在底层 */
}

.plan-component {
  position: absolute;
  width: 100%; /* plan 组件宽度占满整个屏幕 */
  bottom: 0; /* 定位到屏幕底部 */
  z-index: 2; /* 确保 plan 组件浮于地图上方 */
}
```

在 WCSS 代码中，.container 类定义了整个页面容器的样式。.full-screen-map 类确保了 map 组件能够充满整个屏幕。.plan-component 类定义了 plan 组件的样式，使其浮动在地图上方。

请注意，你需要有一个自定义组件<plan>的定义，否则它不会显示。此外，根据小程序的具体实现和需求，你可能需要调整 WCSS 中的 z-index 和其他样式属性以确保组件正确显示。

大模型准确地理解了我们的需求，精确无误地输出了代码。接下来让我们完成 plan 组件的实现。

8.3.2 实现 plan 组件

让我们基于界面原型的规划，继续给大模型提出实现要求。

提示

现在让我们继续实现 plan 组件，这个组件的要求如下。

1. 纵向包括两个区域。
2. 上方区域描述出行计划的信息，包括 3 行。

3. 第一行一个表示时间的图标，加一个时间段的滚动选择框（时间段数据来自 data，是起始 hh:mm-终止 hh:mm 的数组）表示出发时间。再加一个带有加减号的数字组件表示乘车人数。
4. 第二行是一个蓝色圆点小图标，加一个文字显示组件表示起始地。
5. 第三行是一个绿色圆点小图标，加一个文字显示组件表示目的地。
6. 下方区域是一个红色的“确定”按钮。

这段提示词并没有什么特殊之处，只是基于界面原型的精准描述，让我们来看大模型的输出。

LLM

为了创建满足这些要求的 plan 组件，你需要定义组件的结构（WXML）和样式（WCSS），同时处理组件的数据和事件。

```
WXML (plan.wxml)
<view class="plan-container">
  <!-- 上方区域：出行计划的信息 -->
  <view class="plan-info">
    <!-- 第一行：时间选择和人数 -->
    <view class="time-and-people">
      <image src="time_icon.png" class="icon"></image>
      <picker mode="time" range="{{timeRange}}" class="time-picker"></picker>
      <view class="number-selector">
        <view class="minus">-</view>
        <view class="number">{{peopleCount}}</view>
        <view class="plus">+</view>
      </view>
    </view>

    <!-- 第二行：起始地 -->
    <view class="departure">
      <image src="blue_dot.png" class="icon"></image>
      <text>{{departure}}</text>
    </view>

    <!-- 第三行：目的地 -->
    <view class="destination">
      <image src="green_dot.png" class="icon"></image>
      <text>{{destination}}</text>
    </view>
  </view>

  <!-- 下方区域：确定按钮 -->
  <button class="confirm-button">确定</button>
</view>
```

这里，plan-container 是整个组件的容器。time-and-people、departure 和 destination 是上方区域的三行内容。confirm-button 是下方的按钮。

```
WCSS (plan.wxss)
.plan-container {
  display: flex;
  flex-direction: column;
  justify-content: space-between;
  padding: 10px;
  background-color: #fff;
}

.plan-info {
  display: flex;
  flex-direction: column;
  justify-content: space-around;
}

.time-and-people, .departure, .destination {
  display: flex;
  align-items: center;
}

.icon {
  width: 20px; /* 图标的宽度 */
  height: 20px; /* 图标的高度 */
  margin-right: 8px; /* 与其他元素的间隔 */
}

.time-picker {
  flex-grow: 1;
}

.number-selector {
  display: flex;
  align-items: center;
}

.minus, .plus {
  padding: 5px;
  border: 1px solid #ccc; /* 加减号的边框 */
  user-select: none; /* 防止选中文本 */
}

.number {
  margin: 0 10px;
}

.confirm-button {
  background-color: red;
  color: white;
  border: none;
  padding: 10px;
  border-radius: 5px;
}
```

这段代码应该说是中规中矩，不过它存在一个潜在的改进机会：如果把带有加减号的数字这部分封装为一个组件，这个设计就有复用的机会，而且整体代码的结构也会更为合理，设计会更为简洁。

8.3.3 重构和封装

让我们把封装的需求告诉大模型。

提示

可否帮我把“带有加减号的数字选择器”封装为一个组件？

LLM

当然可以。要创建一个带有加减号的数字选择器组件，我们需要定义组件的结构（WXML）、样式（WXSS）和行为（JS）。

```
number-selector.wxml
<view class="number-selector">
  <view class="minus" bindtap="decrement">-</view>
  <view class="number">{{count}}</view>
  <view class="plus" bindtap="increment">+</view>
</view>
```

这个 WXML 文件定义了组件的布局，其中包含减号、数字显示和加号。

```
number-selector.wxss
.number-selector {
  display: flex;
  align-items: center;
  justify-content: center;
  background-color: #f2f2f2;
  border-radius: 5px;
}

.minus, .plus {
  width: 30px;
  height: 30px;
  line-height: 30px;
  text-align: center;
  background-color: #dedede;
  margin: 5px;
  user-select: none;
  border-radius: 50%;
  font-size: 18px;
}
```

```
.number {
  width: 40px;
  text-align: center;
  font-size: 16px;
}
```

WXSS 样式表定义了组件内部元素的样式。

```
number-selector.js
Component({
  properties: {
    // 可以从外部传入的属性
    count: {
      type: Number,
      value: 1
    }
  },
  methods: {
    // 减号方法
    decrement: function() {
      if (this.data.count > 1) { // 如果人数大于 1，则减少
        this.setData({
          count: this.data.count - 1
        });
        this.triggerEvent('change', {count: this.data.count});
      }
    },
    // 加号方法
    increment: function() {
      this.setData({
        count: this.data.count + 1
      });
      this.triggerEvent('change', {count: this.data.count});
    }
  }
})
```

这个 JavaScript 文件为组件提供了增减数字的功能，并且通过自定义事件 change 将数字变化通知给父组件。

请注意，你需要在小程序的 components 目录下创建相应的文件，并在使用此组件的页面的.json 配置文件中注册这个新组件。例如：

```
{
  "usingComponents": {
    "number-selector": "/components/number-selector/number-selector"
  }
}
```

这样，你就可以在任何页面上通过<number-selector></number-selector>来使用这个数字选择器组件了，并且可以监听 change 事件来响应数字的变化。

大模型高质量地完成了需要的代码重构。通过封装 number-selector，plan 组件的逻辑得到了简化，而且可以在其他场景中复用这个组件，提升了组件复用性，是非常不错的设计方案。

8.3.4 和后端集成

到目前为止，我们已经实现了基本的出行计划的前端界面。为了让它具备真正的功能，我们还需要和后端 API 进行集成。

提示

现在我们需要让 plan 组件的“确定”按钮可以调用后端 API，这个 API 的调用示例数据如下。

- 请求的 URL：https://api.leansd.cn/cotrip/plan/v1/trip-plans/
- 请求的 Method：POST
- Payload：{"planSpecification":{"departureLocation":{"name":"虹桥火车站南出站","latitude":31.19346,"longitude":121.32074},"arrivalLocation":{"name":"东方明珠","latitude":31.23958,"longitude":121.499763},"plannedDepartureTime":{"start":"2023-11-09T16:01:00.110Z","end":"2023-11-09T16:30:00.110Z"},"requiredSeats":1}}
- 正常返回的 Body：（和创建数据相同，增加 status 为"WAITING_MATCH"）

请完成 createTripPlan 方法，并且在创建成功后，触发名为 tripPlanCreated 的事件，包含返回的数据作为事件数据。

这个提示词表明了期望的目标、所需要用到的 API、对应的示例数据，以及期待的返回结果。我们来看一下大模型的响应。

LLM

在小程序中调用后端 API 并处理返回数据，通常会在组件的 js 文件中进行。以下是如何在小程序的 plan 组件中实现 createTripPlan 方法的示例：

```
plan.js
Component({
  // 组件的属性列表
  properties: {
    // 定义需要的属性，如 departureLocation, arrivalLocation 等
  },
```

```
  // 组件的初始数据
  data: {
    // 初始化数据，如 departureLocation, arrivalLocation 等
  },
  // 组件的方法列表
  methods: {
    // 创建行程计划的方法
    createTripPlan: function() {
      // 从组件的 data 中获取计划规范所需的数据
      const planSpecification = {
        // <代码略>
      };

      // 发起网络请求
      wx.request({
        url: 'https://api.leansd.cn/cotrip/plan/v1/trip-plans/',
        method: 'POST',
        data: {
          planSpecification: planSpecification
        },
        success: res => {
          // 当 API 调用成功处理
          if (res.statusCode === 200) {
            // 触发 tripPlanCreated 事件，将返回的数据作为事件数据
            this.triggerEvent('tripPlanCreated', res.data);
          } else {
            // 可以根据实际需要处理错误情况
            console.error('API 调用失败:', res);
          }
        },
        fail: err => {
          // 处理调用失败的情况
          console.error('API 调用异常', err);
        }
      });
    },
    // <其他方法，略>
  }
})
```

在这个方法中，我们首先构造了一个请求的 Payload，其中包含组件 data 中的出发地、目的地、计划出发时间和所需座位数。然后我们使用 wx.request 方法向后端 API 发送 POST 请求。如果请求成功，我们就触发一个 tripPlanCreated 事件，并将 API 返回的数据作为事件的参数。

请注意，这里的代码假设你已经在组件的 data 中定义了必要的属性，并且已经有了一个方法来设置这些属性的值。你可能需要根据你的实际需求来调整这些数据结构和 API 端点。此外，错误处理是非常重要的，确保在生产应用中适当地处理 API 调用的所有潜在错误情况。

这个方法的总体代码质量是可以的，但是它的 API 调用直接嵌在组件的.js 代码中，不是很灵活。让我们把它封装到外部。

提示

请把wx.request请求封装到单独的api.js中，并且确保https://api.leansd.cn/在不同的环境中是可替换的。

LLM

在小程序中，创建一个通用的 API 模块是一个很好的实践，这样可以集中处理网络请求和环境配置。下面是如何创建一个 api.js 文件并封装 wx.request，以及如何在不同的开发环境中替换基础 URL：

```
// api.js
// 配置不同的环境基础 URL
const baseURL = {
  development: 'https://dev-api.leansd.cn/',
  production: 'https://api.leansd.cn/'
};

// 获取当前环境的基础 URL
const currentBaseURL = baseURL['development']; // 或者根据条件动态切换

const api = {
  // 创建行程计划的 API 请求
  createTripPlan: function(planSpecification, successCallback, errorCallback) {
    wx.request({
      url: currentBaseURL + 'cotrip/plan/v1/trip-plans/',
      method: 'POST',
      data: { planSpecification },
      success: function(res) {
        if (res.statusCode === 200) {
          // 如果成功，执行回调
          successCallback(res.data);
        } else {
          // 如果响应码不是 200，视为失败
          errorCallback && errorCallback(res);
        }
      },
      fail: function(err) {
        // 网络请求失败，执行回调
        errorCallback && errorCallback(err);
      }
    });
  },
  // <其他 API 请求的定义，略>
};

export default api;
```

在 api.js 文件中，我们定义了一个 baseURL 对象来存储不同环境的基础 URL，并在模块顶部设置当前环境的基础 URL。然后，我们创建了一个 API 对象，它包含一个 createTripPlan 方法来封装创建行程计划的 API 请求。这个方法接收 planSpecification 数据、一个成功的回调 successCallback 以及一个错误的回调 errorCallback。

```
// 使用 api.js
// 在 plan 组件中导入 api 模块
import api from '../../utils/api.js'; // 路径根据实际项目结构调整

Component({
  // 组件的属性列表
  // <代码略>

  // 组件的方法列表
  methods: {
    // 调用创建行程计划的 API
    createTripPlan: function() {
      // 获取行程计划的数据
      const planSpecification = this.preparePlanSpecificationData();

      // 调用 api 模块的方法
      api.createTripPlan(
        planSpecification,
        (data) => {
          // 成功时的处理
          this.triggerEvent('tripPlanCreated', data);
        },
        (error) => {
          // 错误时的处理
          console.error('创建行程计划失败', error);
        }
      );
    },

    // 准备行程规划数据的方法
    preparePlanSpecificationData: function() {
      // <代码略>
    },
    // <代码略>
  }
})
```

在组件的 JS 文件中，我们导入了 api.js，并在 createTripPlan 方法中调用 api.createTripPlan 方法，传入行程规划的数据和回调函数。

这样，你就可以在整个小程序中复用 api.js 模块，并根据开发环境轻松地切换基础 URL。此外，通过将网络请求逻辑从组件中分离出来，你可以更容易地管理和维护代码。

经过调整，我们获得了一个更好的模块化设计，也更加有利于在开发和测试环境中并行工作。到目前为止，发布出行计划的骨架代码已经可用了。把代码略作调整之后[①]，我们就完成了和后端的集成工作。图 8.3 是集成之后的效果。

图 8.3 完成的发布出行计划界面

按下"确定"，就可以在微信开发者工具的调试界面，看到发出的 POST 请求，并且获得了返回的成功结果。

小练习

请读者继续完成如下的功能。

1. 增加"等待拼友"组件，以下是一些提示。

- 实现 waiting 组件的外观，功能暂缓。

① 我们需要为认证补充一些细节内容，例如在 Header 中加入一个 user-id 信息，以支持和后端协同工作。在下一节，我们将接入真正的认证和令牌刷新功能。

- 在 trip 页面中管理 currentTripPlan，并且接收发布出行计划成功后触发的 tripPlanCreated 事件，把 currentTripPlan 数据置为事件携带的数据。
- 根据 currentTripPlan 的状态是否为 WAITING_MATCH，决定显示 plan 组件还是 waiting 组件。

2. 在“等待拼友”组件中，增加和后端服务器的 WebSocket 连接，以监听后端服务器发来的“撮合成功”消息，以下是一些提示。

- 在微信小程序中导入并集成 stomp.js 模块。由于微信小程序只支持原生的 WebSocket，而后端服务器在 WebSocket 之上增加了 STOMP 协议层，所以需要先让 stomp.js 可用。你可以参考本书配套的示例项目代码库，获得可用的 stomp.js 模块。
- 在 waiting 组件的 attached 生命周期方法中订阅服务端事件（路径为/user/queue/status），并且在 detached 生命周期方法中断开与 STOMP 服务器的连接。
- 实现服务端事件的回调函数，接收事件中携带的出行计划数据并触发 tripPlanJoined 事件。
- 在 trip 页面中接收 tripPlanJoined 事件，然后进行其他处理。
- 测试相关：为了可以触发后端的撮合成功消息，你可以通过 API 接口模仿另外一个用户发布出行计划。

你还可以基于前述方法，继续实现 to-meet 组件和 cancel 组件。

8.4 用大模型辅助完成权限管理

在上一节中，我们实现了共享出行小程序的基本功能。不过，为了不干扰核心目标，我们暂时忽略了权限管理问题。本节我们将基于 6.3 节的方案，完成权限管理的实现。

8.4.1 获取访问令牌

根据图 6.5，微信小程序在登录时需要完成如下操作。

(1) 向微信服务器发出登录请求，获得登录凭据（code）。

(2) 使用 code 向 auth 服务发出请求，获得访问令牌。

下面我们按照这个策略编写提示词。

提示

我正在开发一个微信小程序，我已经在后端部署了认证服务，信息如下：

- EndPoint 为 https://api.leansd.cn/auth/v1/login；
- 它接收一个 POST 请求，Body 为 JSON 格式，包含小程序从微信服务器获得的 code。

请编写一个 userLogin 方法，首先调用微信的 login 接口，然后在获得 code 之后调用认证服务，把获得的结果写入本地存储中。

大模型给出了如下的输出结果。

LLM

```
function loginUser(code) {
    return new Promise((resolve, reject) => {
        wx.request({
            url: 'https://api.leansd.cn/auth/v1/login',
            method: 'POST',
            data: { code },
            success: response => resolve(response.data),
            fail: error => reject(error)
        });
    });
}

function userLogin() {
    wx.login({
        success: res => {
            if (res.code) {
                loginUser(res.code)
                    .then(handleLoginSuccess)
                    .catch(error => {
                        console.error('调用认证服务失败:', error);
                    });
            } else {
                console.error('登录失败！ ' + res.errMsg);
            }
        },
        fail: err => {
            console.error('调用 wx.login 失败:', err);
        }
    });
}
```

```
function handleLoginSuccess(authData) {
    wx.setStorage({
        key: 'authData',
        data: authData,
        success: () => {
            console.log('认证数据已存储');
        },
        fail: error => {
            console.error('存储认证数据失败:', error);
        }
    });
}
```

这个代码已经可以正常工作。按照同样的方法，我们可以继续完成令牌刷新的功能。

8.4.2 在 API 调用中添加访问令牌

在获取访问令牌之后，我们就可以在 API 请求中携带访问令牌，实现真正的身份认证和识别了。以 createTripPlan 这个 API 为例，我们需要做如下改动。

(1) 在 auth.js 中提供一个新的方法：getAccessToken，供 createTripPlan 等 API 调用。

(2) 封装 wx.request，在发出的请求中携带访问令牌。

(3) 把对 wx.request 的调用修改为新封装的方法。

增加 getAccessToken 方法

修改 auth.js，增加如下代码：

```
export function getAccessToken() {
    try {
        const authData = wx.getStorageSync('authData');
        const accessToken = authData?.access_token;
        if (accessToken) {
            return accessToken;
        } else {
            throw new Error('No access token found');
        }
    } catch (error) {
        throw new Error('Failed to retrieve authentication data');
    }
}
```

封装 wx.request

在请求的 Header 中增加 authHeader 信息：

```
export function requestWithAuth(options:any) {
  const authHeader = {
      'Authorization': 'Bearer ' + auth.getAccessToken()
  };

  const headers = Object.assign({}, authHeader, options.header);

  wx.request({
      ...options,
      header: headers
  });
}
```

最后，找到对 wx.request 的调用，把它更新为对 requestWithAuth 的调用。这样，发出的请求中就带有认证信息了。至此，我们就完成了权限管理的完整功能。

第 9 章

持续演进

软件开发是一个不断迭代、持续演进的过程。本章我们将通过实际的演进案例，说明在业务发展过程中演进式设计的重要性。

9.1 业务发展要求演进式设计

在第 5 章到第 8 章，我们完成了一个最基本的迭代，用户能够登录并发布一个出行计划，系统能够根据最简单的策略完成撮合。伴随着第一个迭代的实现，我们也同步建立了共享出行业务的总体架构，打通了小程序前端、权限管理以及后端服务。

不过这些功能非常基础,仅能保障最基本的业务运营,无法支持业务的进一步发展。在我们有了第一批用户，建立了初步的业务认知之后，我们不可能继续把运营场景局限在特定时间段的车站和机场，而且有许多运营阶段出现的新问题需要我们解决。

- 上车点管理：在业务运营过程中，我们发现用户很难找到上车点。因此需要考虑人为地选择醒目的、众所周知的位置作为上车点，甚至还需要增加配图、步行导航等功能，进一步降低用户寻找上车点的难度。这就意味着，上车点管理成了一个重要的功能。
- 中间点匹配：同起始地、近似目的地匹配策略只适用于车站、机场这类人流密集的场景。对于更普通的场景，用户活跃度较低，直接影响业务收益。所以，支持中间点匹配已经成为一个重要的产品需求。
- 顺风车业务：无车共乘可以高效利用车辆，降低乘车费用。对于一些拥有汽车的用户来说，开发顺风车业务也是一个非常有必要的业务演进方向。

- 费用计算：我们原有的共享出行业务没有考虑费用问题，选择了让乘车人自己线下平摊费用，这在同起始地、近似目的地的场景下还算合理，当引入顺风车业务或者有人中途下车，就不合适了。即使我们当前阶段还暂时不负责费用结算，也需要帮乘客计算出一个合理的分摊费用，避免争议。

一个蓬勃发展的业务，总是伴随着层出不穷的新场景和新需求，持续演进是软件业务的本质特征。因此能不能高效地支持业务演进，是评价软件设计质量的重要标准。本章我们将通过两个例子：上车点管理和顺风车业务，展示如何通过演进式设计，支持精细化的业务运营和新的业务模式。

9.2 上车点管理

上车点管理的目标是预先设定确定的、具备明确标志的上车点，而不是依赖用户输入的起始地信息来确定会合点。

此外，我们不可能在业务运营的起始阶段就考虑到所有的上车点，如果用户的起始地周围还没有预先设置的上车点，就需要给运营人员发送通知消息，请求运营人员及时处理。

9.2.1 更新领域模型

上车点是一个新的业务概念，我们首先要更新领域模型并同步修改领域层代码。

首先我们来考虑如何更新领域模型。最直观的想法是增加“上车点”“上车点匹配策略”，并且在出行计划中增加匹配到的上车点信息。于是我们得到如图 9.1 所示的领域模型。

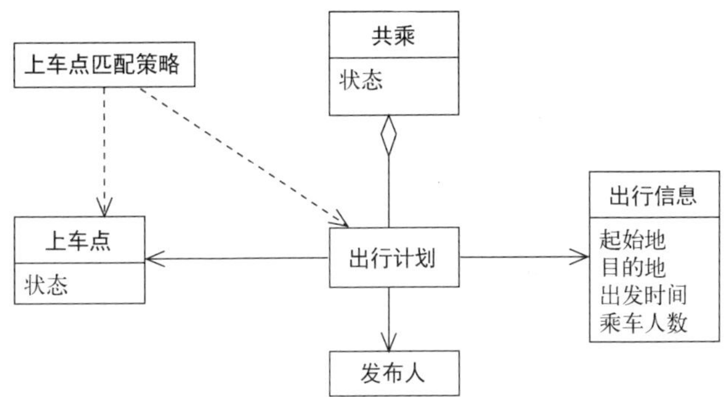

图 9.1 增加上车点后的领域模型（局部）

一个领域模型正确与否，需要用业务场景进行检验。下面是几个业务场景，我们用它们来挑战一下图 9.1。

- 场景 1：在匹配完上车点后，业务运营调整了上车点的位置。如果直接让出行计划引用上车点，那么用户查询出行计划时，究竟应该显示调整之前的上车点还是调整之后的上车点？

图 9.1 的领域模型不能很好地支持这个业务场景。这是因为运营管理的上车点和计算得到的“上车地点”在有些情况下不一样。为了能支持这种情况，我们最好明确区分“上车点”和出行计划的“上车地点”。

- 场景 2：根据前文描述，如果用户的起始地周围没有预先设置的上车点，我们应该如何计算这个“上车地点”？ 当我们给业务运营人员发送通知后，如何让业务运营人员方便地设置新的上车点？

一个可能的方案是，如果还没有预设的上车点，我们可以把用户当前出行计划的起始地作为“临时上车点”。这样，这个临时上车点就可以在运营人员正式设置它之前发挥作用，不影响上车点匹配策略，同时也有利于以后运营人员把它设置为正式的上车点（仅需要把状态从“临时”改为“正式”即可）。因此，我们需要给“上车点”增加一个状态。

根据上述业务场景，我们把图 9.1 更新为图 9.2。

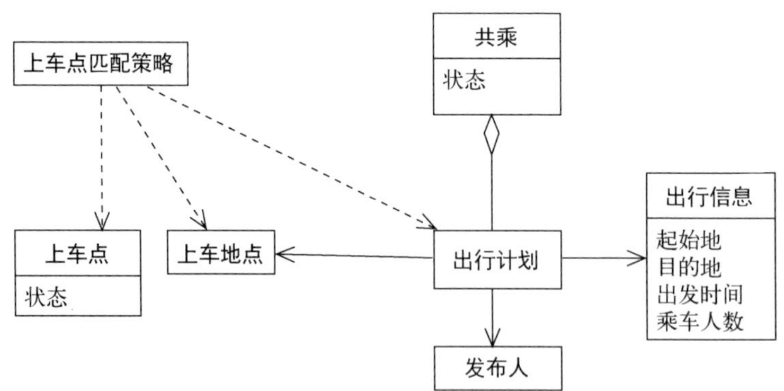

图 9.2 更新后的领域模型（局部）

然后同步更新领域层的设计，如图 9.3 所示。

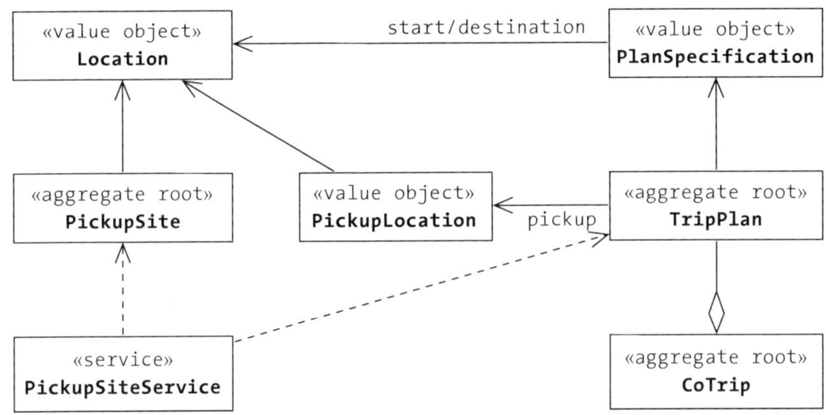

图 9.3 加入上车点后的领域层设计

其中，PickupSite 对应图 9.2 的“上车点”。由于上车点管理是一个运营活动，所以我们要明确管理它的状态，把它定义为一个聚合。PickupLocation 对应于图 9.2 的“上车地点”，它是一个值对象，属性来自完成上车点匹配时刻的上车点数据。PickupSiteService 负责管理和计算上车点。

9.2.2 在撮合成功后计算并指定上车点

我们继续采取测试先行的方案来添加新的功能。当出行计划的出发地周围 500 米（直线距离）存在上车点时，选择最近的上车点。

让我们由外而内来实现这个策略，这个问题可以分解为以下两步。

- 第一步，匹配成功后，更新出行计划的上车点信息。
- 第二步，上车点信息的计算符合前述的策略。

匹配成功后，更新出行计划的上车点信息

首先实现自动化测试：

```
@DisplayName("匹配成功后，应该更新 TripPlan 的 pickup 信息")
@Test
public void shouldUpdatePickupLocationWhenMatched() throws InconsistentStatusException {

    //创建一个出行计划，起始地为一个距离虹桥火车站南区较近的地点
    PlanSpecification planSpecification = new PlanSpecification(nearHqStationSouth, peopleSquare,
        TimeSpan.builder()
          .start(Y2305010800)
          .end(Y2305010830)
          .build(),1);
```

```
    /*其他代码略*/
    //Mock pickupSiteService，让它返回距离较近的虹桥火车站南区上车点
    when(pickupSiteService.findNearestPickupSite(notNull())).thenReturn(PickupSiteDTO.builder().
        location(hqStationSouth).build());
    coTripMatchingService.receivedTripPlanCreatedEvent(new TripPlanCreatedEvent(TripPlanConverter.
        toDTO(newPlan)));

    //验证匹配后的上车地点虹桥火车站南区上车点
    ArgumentCaptor<List<TripPlan>> tripPlanListCaptor= ArgumentCaptor.forClass(List.class);
    verify(tripPlanRepository).saveAll(tripPlanListCaptor.capture());
    List<TripPlan> capturedTripPlan = tripPlanListCaptor.getValue();
    capturedTripPlan.forEach(tripPlan -> {
        assertThat(tripPlan.getPickupLocation().getLocation()).isEqualTo(hqStationSouth);
    });
}
```

现在让我们来编写产品代码。为了满足自动化测试的要求，我们需要在匹配成功后，根据业务规则计算出上车点信息。更新 updateTripPlans 方法如下：

```
private void updateTripPlans(CoTripId coTripId, List<String> tripPlanIds) {
    List<TripPlan> tripPlans = tripPlanIds.stream().map(tripPlanId->
    {
        TripPlan tripPlan = tripPlanRepository.findById(tripPlanId).get();
        tripPlan.joinCoTrip(coTripId);
        PickupSiteDTO siteLocation = pickupSiteService.findNearestPickupSite(tripPlan.
            getPlanSpecification().getDepartureLocation());
        tripPlan.setPickupLocation(new PickupLocation(siteLocation.getLocation()));
        return tripPlan;
    }).collect(Collectors.toList());
    tripPlanRepository.saveAll(tripPlans);
```

我们把计算上车点的职责委托给 PickupSiteService，把结果以值对象的形式写入 TripPlan 中。现在，问题就变成了 PickupSiteService 如何完成上车点的匹配。

上车点匹配

继续从编写自动化测试开始：

```
@DisplayName("存在多个上车点时返回最近的上车点")
@Test
public void testGetNearestPickupSite() {
    pickupSiteService.addPickupSite(hqStationSouth);
    pickupSiteService.addPickupSite(peopleSquare);
    PickupSiteDTO pickupSiteDTO = pickupSiteService.findNearestPickupSite(nearHqStationSouth);
    assertThat(pickupSiteDTO.getLocation()).isEqualTo(hqStationSouth);
}
```

在这个测试中，我们预设了两个上车点，分别是虹桥火车站南区上车点和人民广场上车点。然后我们给出一个很靠近虹桥火车站南区上车点的地址，预期应该返回虹桥火车站南区上车点作为上车地点。

实现产品代码如下：

```
public PickupSiteDTO findNearestPickupSite(Location location) {
    return pickupSiteRepository.findAll().stream()
        .min(Comparator.comparingDouble(pickupSite -> HaversineDistance.between(location,
            pickupSite.getLocation())))
        .map(PickupSiteDTO::new)
        .orElse(null);
}
```

这是一个非常简陋的实现：我们仅仅是取出所有的预定义上车点，逐个比较它们到 location 的 Haversine 距离，然后选取距离最近的那一个。当上车点的数量较多时，这个方案的性能是比较差的，没法用于真实的生产环境。

不过，先完成一个“简陋”的实现，再进一步优化，是演进式设计中的一个常用策略。“先工作，再优化”的好处是，一个临时但快速的方案首先打通了端到端业务，进一步的“优化”就是局部问题的优化了。这样，就把一个大问题拆解为可以各个击破的小问题，这也是另外一种形式的“分而治之”。

我们后续可能进一步采取的优化方案有：

- 使用支持内置地理空间索引和优化算法的数据库，例如 PostgreSQL with PostGIS，MySQL 等；
- 先粗筛，再具体匹配，基于城市和区域信息初步筛选附近的上车点，然后再计算精确的上车点；
- 使用第三方（外部地图服务商）服务等。

到目前为止，我们已经支持了上车点匹配的第一条业务规则：匹配最近的上车点。接下来，让我们考虑出发地周围 500 米没有上车点的场景，以及合并距离相近的上车点的场景。

9.2.3 出发地附近没有上车点

在前面的计算中，我们总是选择离用户距离最近的上车点。但是，如果我们的运营能力还不完善，在有些用户附近还没有上车点，这种做法就有问题了。

如果计算得到的上车点距离用户超过 500 米，我们需要触发 PickupSiteNotAvailable 事件提醒运营人员增设上车点，并且在当前行程中，把用户当前的起始地直接作为临时上车点。

演进领域模型

临时上车点和运营人员设定的上车点的大多数信息是一致的，但是类型不同。我们需要修改 PickupSite 的定义，来支持上车点类型：

```
public class PickupSite extends AggregateRoot {
    @Embedded
    private Location location;
    @Enumerated(EnumType.STRING)
    private SiteType siteType;
}
public enum SiteType {
    MANAGED,
    TEMPORARY
}
```

编写测试并实现功能

编写自动化测试：

```
@DisplayName("最近的上车点超过 500 米时，直接把用户出发位置作为临时上车点")
@Test
public void testDepartureLocationAsPickupSiteWhenNearbyPickupSiteIsTooFar() {
    pickupSiteService.addPickupSite(peopleSquare);
    pickupSiteService.setFarestPickupSiteDistance(0.5);
    PickupSiteDTO pickupSiteDTO = pickupSiteService.findNearestPickupSite(nearHqStationSouth);
    assertThat(pickupSiteDTO.getLocation()).isEqualTo(nearHqStationSouth);
    assertThat(pickupSiteDTO.getSiteType()).isEqualTo(SiteType.TEMPORARY.name());
}
```

我们首先设定了最远可接受的距离为 0.5 千米，然后我们给出一个预置的上车点：人民广场。当我们给出虹桥火车站附近的一个地址时，假定匹配到的上车点就是给出的地址，而不是预置的人民广场。

现在编写产品代码：

```
public PickupSiteDTO findNearestPickupSite(Location location) {
    PickupSite nearestSite =  pickupSiteRepository.findAll().stream()
    .min(Comparator.comparingDouble(pickupSite -> HaversineDistance.between(
           location, pickupSite.getLocation())))
    .orElse(null);
```

```
    nearestSite = guaranteeValid(location, nearestSite);
    return new PickupSiteDTO(nearestSite);
}

private PickupSite guaranteeValid(Location location, PickupSite pickupSite) {
    if (pickupSite==null || HaversineDistance.between(
                        location,pickupSite.getLocation())>maxDistance){
        return new PickupSite(location, SiteType.TEMPORARY);
    }else{
        return pickupSite;
    }
}
```

我们在原有的 findNearestPickupSite 方法中增加了对新方法 guaranteeValid 的调用。在这个新方法中，确保计算获得的上车点距离没有超过 500 米。如果不符合该条件，则把输入的 location 直接作为临时上车点。

接下来，我们需要把临时上车点保存到数据库，并且触发 PickupSiteNotAvailable 事件提醒运营人员。这部分工作请读者自行完成，或者参考本书配套的网站提供的完整源码。

9.2.4 合并距离相近的上车点

现在考虑一种极端场景：一个共乘中有两个出行计划，它们本来距离很近，但是由于出行计划 A 和上车点 1 距离更近，出行计划 B 和上车点 2 距离更近，这导致出行计划 A 和出行计划 B 被指派的上车点并不在同一处。这时，我们就需要合并距离相近的上车点。

在前两节中，大多数涉及上车点的职责是由 PickupSiteService 来完成的。但是，对于“合并距离相近的上车点”这个问题，继续分配给 PickupSiteService 就不合适了。这其实是共乘匹配的一个“后处理”，合理的职责承担者是 coTripMatchingService。

让我们回到共乘的上下文，在 cotrip 下的 MatchPickupLocationTest 测试中增加如下自动化测试：

```
@DisplayName("应该合并同一共乘的邻近起始地")
@Test
public void shouldMergeNearPickupLocation(){
    /* 首先创建两个出行计划，起始地分别为 hqStationSouth 和 nearHqStationSouth */
    PlanSpecification planSpecification_1 =
            new PlanSpecification(hqStationSouth, /*其他数据 */);
    PlanSpecification planSpecification_2 =
            new PlanSpecification(nearHqStationSouth, , /*其他数据 */);
```

```
    existingPlan = new TripPlan(UserId.of("user_id_1"), planSpecification_1);
    newPlan = new TripPlan(UserId.of("user_id_2"), planSpecification_2);

    /* 让它们各自的起始地就是预设的上车点，这样我们会得到两个相近的上车点 */
    when(pickupSiteService.findNearestPickupSite(eq(nearHqStationSouth)))
    .thenReturn(PickupSiteDTO.builder().location(nearHqStationSouth).build());
    when(pickupSiteService.findNearestPickupSite(eq(hqStationSouth)))
    .thenReturn(PickupSiteDTO.builder().location(hqStationSouth).build());

    /* 触发撮合事件 */
    coTripMatchingService.receivedTripPlanCreatedEvent(new
        TripPlanCreatedEvent(TripPlanConverter.toDTO(newPlan)));

  /* 检验更新后的 TripPlan 的上车点是否已经合并 */
    ArgumentCaptor<List<TripPlan>> tripPlanListCaptor=
        ArgumentCaptor.forClass(List.class);
    verify(tripPlanRepository).saveAll(tripPlanListCaptor.capture());
    List<TripPlan> capturedTripPlans = tripPlanListCaptor.getValue();
    assertThat(capturedTripPlans.size()).isEqualTo(2);
    assertThat(capturedTripPlans.get(0).getPickupLocation().getLocation())
    .isEqualTo(capturedTripPlans.get(1).getPickupLocation().getLocation());
}
```

我们创建了两个出行计划，其中起始地 1 是虹桥火车站，起始地 2 是非常靠近虹桥火车站的地点。同时，我们把这两个地点直接设为预置的上车点，这样这二者匹配到的就是各自的起始地点。由于这两个地点很接近，我们预期在匹配成功之后，两个出行计划中的上车点应该相同。

测试先行的一个优势就是可以通过案例，把一个业务场景讲明白，给实现指明方向。一旦明确了场景，代码实现就比较简单了。我们仅需在 CoTripMatchingService 的 updateTripPlans 方法中增加合并策略即可。这部分代码不再列出，请读者自行实现或阅读本书配套的参考资料。

9.3 顺风车业务

本节我们将在已实现的无车共乘基础上，尝试增加一种新的业务类型：顺风车。通过对顺风车业务的支持，我们将会看到领域模型如何持续演进，以及自动化测试、简单设计等如何最大化地保护既有业务的安全演进。

9.3.1 业务流程分析

下面从业务流程分析开始介绍，图 9.4 表示顺风车的业务流程。

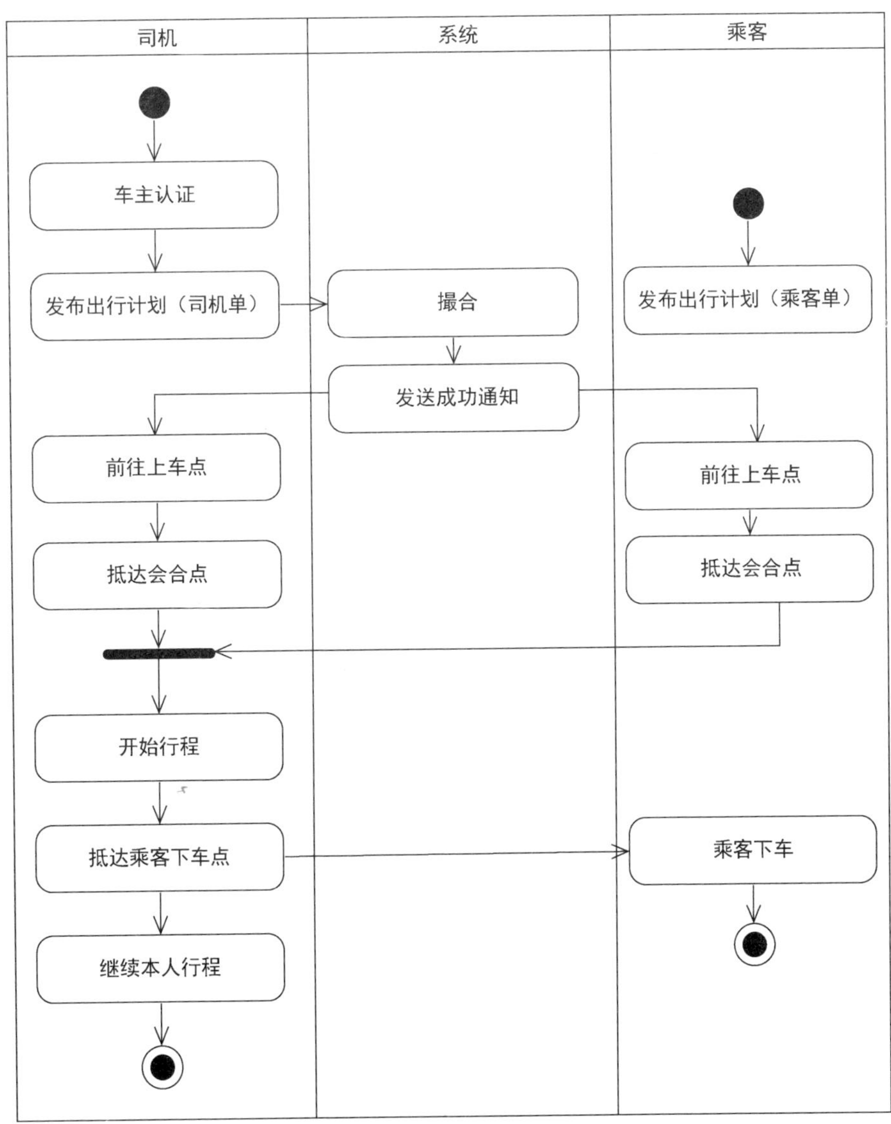

图 9.4　顺风车业务流程

和 2.3 节的无车共乘相比，顺风车的参与方不再是对等的乘客，而是搭乘顺风车的乘客和提供顺风车的司机。他们仍然需要发布各自的出行计划，但是我们需要知道他们到底计划作为“乘客”还是“司机”。另外，顺风车业务还有一些细节需要考虑，例如，用户在成为司机之前，需要进行车主认证、登记车辆信息。这个车辆信息将被显示在拼车成功的信息中，便于乘客顺利找到车辆。

9.3.2 更新领域模型

一旦明确了业务流程，领域模型有哪些地方需要演进也就非常清晰了。

首先，我们需要增加和车辆、车主有关的信息，同时增加车辆信息校验服务保证车辆信息的有效性。然后，我们在出行计划中增加了“类型”，帮助我们识别这是司机的出行计划还是乘客的出行计划。考虑到顺风车的撮合方式和无车共乘不同，我们在撮合策略部分扩充了一种新的策略：顺风车撮合策略。更新后的领域模型如图 9.5 所示。

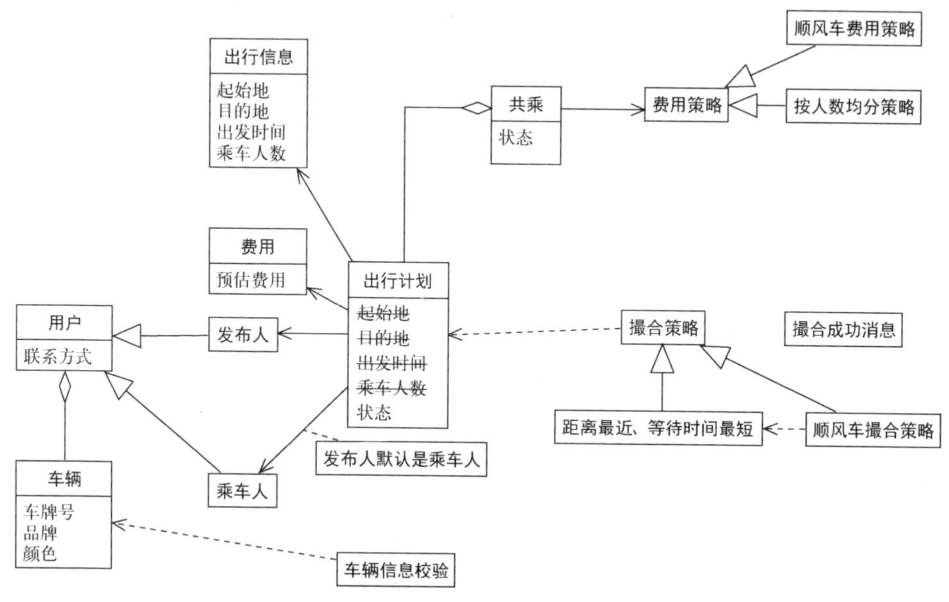

图 9.5 支持顺风车业务的领域模型

对比图 3.7，图 9.5 的领域模型总体上是平滑演进的，更新后的领域模型继承了原领域模型的整体结构和重要概念。这体现了抽象良好的领域模型具有稳定性，也正因为领域模型的稳定性，才让我们可以更好地复用领域资产，更快支持新的业务。

9.3.3 发布出行计划

现在让我们实现顺风车场景下的“发布出行计划”。首先，根据图 9.5 调整代码中的领域模型，新增 TripPlanType 定义以及相应的字段，用来表达出行计划的类型：

```
public class TripPlan extends AggregateRoot {
    /* 其他内容略 */
    @Enumerated(EnumType.STRING)
```

```
    private TripPlanType planType;
}

public enum TripPlanType {
    RIDE_SHARING, //无车共乘
    HITCHHIKING_PROVIDER, //顺风车司机单
    HITCHHIKING_CONSUMER, //顺风车乘客单
}
```

现在思考顺风车场景下发布出行计划的业务规则：

(1) 用户在发布出行计划时，需要表明作为乘客还是司机出行；

(2) 只有当用户是车主时，才可以发布司机单。

这两条规则的实现并不困难。不过，动手实现之前，我们总是遵循测试先行的原则，下面编写自动化测试：

```
@SpringBootTest
@AutoConfigureMockMvc
@ActiveProfiles("dev")
@DirtiesContext
public class HitchhikingTripPlanMvcTest {
    private static final String urlTripPlan = "/cotrip/plan/v1/trip-plans/";
    @Autowired
    MockMvc mockMvc;

    @DisplayName("创建顺风车乘客单应该成功且返回正确的出行计划类型")
    @Test
    public void testCreateHitchhikingTripPlan() throws Exception {
        TripPlanDTO tripPlanDTO = TripPlanDTO.builder().planSpecification(new PlanSpecification
            (hqAirport, peopleSquare, TimeSpan.builder()
                .start(LocalDateTime.of(2023, 5, 1, 8, 0))
                .end(LocalDateTime.of(2023, 5, 1, 8, 30))
                .build(), 1))
                .planType(TripPlanType.HITCHHIKING_CONSUMER.name())
                .build();
        MvcResult result = mockMvc.perform(post(urlTripPlan)
                .header("user-id", "user-id-1")
                .contentType(MediaType.APPLICATION_JSON)
                .content(asJson(tripPlanDTO)))
                .andExpect(status().isCreated())
                .andExpect(jsonPath("$.id").isNotEmpty())
                .andReturn();

        String tripPlanId = JsonPath.read(result.getResponse().getContentAsString(), "$.id");

        result = mockMvc.perform(get(urlTripPlan + tripPlanId)
                        .header("user-id", "user-id-1")
                        .accept(MediaType.APPLICATION_JSON))
                .andExpect(status().isOk())
                .andReturn();
```

```
        assertEquals(TripPlanType.HITCHHIKING_CONSUMER.name(),JsonPath.read(result.getResponse().
            getContentAsString(),"$.planType"));
    }
}
```

这个测试首先在发布出行计划的接口层上指定了要创建的是一个乘客单（TripPlanType.HITCHHIKING_CONSUMER），然后通过查询接口，确定新创建的出行计划类型确实和请求一致。

值得注意的是，我们并没有循规蹈矩地修改领域层代码、增加领域层自动化测试、修改应用层代码、增加应用层自动化测试，而是直接从 Controller 层开始，增加了一个接口级的测试。这是刻意为之的策略。自动化测试既是对接口和契约的说明，也是质量保证机制。由于这个功能对既有的修改非常小，接口级测试已经足以覆盖可能的风险，而且也能清晰地表达功能和设计意图，选择在接口级进行测试是成本最低、收益最大的合理方案。

接下来运行测试。我们发现，经过调整的领域模型已经很自然地支持了这个测试的需求，测试通过。下面我们来解决发布司机单的问题。

司机单的发布要复杂一些。如果用户尚未通过车主认证，就不能发布司机单。让我们把这个业务规则用自动化测试来表达：

```
@DisplayName("非司机单不检查车主认证")
@Test
void testCreateRideSharingOrHitchhikingConsumerTripPlanShouldNotCheckVehicleOwner() {
    when(vehicleOwnerService.isVehicleOwner(anyString())).thenReturn(false);
    assertDoesNotThrow(() -> tripPlanService.createTripPlan(noHitchhikingProviderTripPlanDTO));
}

@DisplayName("未完成车主认证的用户无法创建司机单")
@Test
void testCreateTripPlanShouldFailIfNotVehicleOwner() {
    when(vehicleOwnerService.isVehicleOwner(anyString())).thenReturn(false);
    assertThrows(NoVehicleOwnerException.class,
            () -> tripPlanService.createTripPlan(hitchhikingProviderTripPlanDTO));
}

@DisplayName("已完成车主认证的用户可以创建司机单")
@Test
void testCreateTripPlanShouldSuccessIfVehicleOwner() {
    when(vehicleOwnerService.isVehicleOwner(anyString())).thenReturn(true);
    assertDoesNotThrow(() -> tripPlanService.createTripPlan(hitchhikingProviderTripPlanDTO));
}
```

这个功能的实现并不复杂，我们仅需要在 TripPlanService 中增加负责校验的代码，就能完成这个功能：

```
@Transactional
public TripPlanDTO createTripPlan(TripPlanDTO tripPlanDTO) throws NoVehicleOwnerException {
    TripPlan tripPlan = TripPlanFactory.build(tripPlanDTO);
    onlyVehicleOwnerCanCreateTripPlan(tripPlan.getCreatorId(),tripPlanDTO.getPlanType());
    tripPlanRepository.save(tripPlan);
    return TripPlanConverter.toDTO(tripPlan);
}

private void onlyVehicleOwnerCanCreateTripPlan(String creatorId, String planType)
    throws NoVehicleOwnerException {
    if (!TripPlanType.HITCHHIKING_PROVIDER.name().equals(planType)) return;
    if (!vehicleOwnerService.isVehicleOwner(creatorId)){
        throw new NoVehicleOwnerException(creatorId);
    }
}
```

新增的 onlyVehicleOwnerCanCreateTripPlan 方法负责检查是否为一个司机单。如果是，则检查该用户是否已经登记汽车。如果没有登记过，则抛出异常。

9.3.4 撮合出行计划

顺风车场景下的撮合是对无车共乘撮合的增强。我们需要在已有的撮合策略前增加一层过滤：无车共乘仅与无车共乘匹配，顺风车司机单仅与顺风车乘客单匹配，反之亦然。

让我们继续采用测试先行的实现策略，编写自动化测试代码：

```
@DisplayName("司机单不会匹配无车共乘单")
@Test
public void shouldNotMatchRideSharingToHitchhiking() {
    TripPlanDTO existedPlan = tripPlanService.createTripPlan(TripPlanDTO.builder()
            .userId("user-id-1")
            .planType(TripPlanType.RIDE_SHARING.name())
            .planSpecification(spec)
            .build());
    TripPlanDTO newPlan = tripPlanService.createTripPlan(TripPlanDTO.builder()
            .userId("user-id-2")
            .planType(TripPlanType.HITCHHIKING_PROVIDER.name())
            .planSpecification(spec)
            .build());
    existedPlan = tripPlanService.retrieveTripPlan(TripPlanId.of(existedPlan.getId()),
        UserId.of("user-id-1"));
    assertThat(existedPlan.getStatus()).isEqualTo(TripPlanStatus.WAITING_MATCH.name());
}
```

由于还没有加入相应的业务逻辑，这样的测试必然会失败。现在我们有了更明确的开发目标：让当前失败的测试通过。

分析现有代码实现：

```
@TransactionalEventListener
public void receivedTripPlanCreatedEvent(TripPlanCreatedEvent event) throws InconsistentStatusException {
    CoTrip coTrip = matchExistingTripPlan(event.getData());
    if (coTrip!=null){
        matchSuccess(coTrip);
    }
}

private CoTrip matchExistingTripPlan(TripPlanDTO tripPlan) {
    List<TripPlan> tripPlans = tripPlanRepository.findAllMatchCandidates();
    List<String> matchedTripPlanIds = /* 通过逻辑匹配到最合适的出行计划*/;
    return CoTripFactory.build(matchedTripPlanIds);
}

private void matchSuccess(CoTrip coTrip) {
    updateTripPlans(CoTripId.of(coTrip.getId()),coTrip.getTripPlanIdList());
    coTripRepository.save(coTrip);
}
```

当前的过滤方式 tripPlanRepository.findAllMatchCandidates 并没有区分出行计划的类型。看起来，我们只要修改 findAllMatchCandidates 的实现，就可以达成目标了。不过，这里存在一个重构机会。让我们思考得更加深入一点：findAllMatchCandidates 应不应该驻留在 matchingExistingTripPlan 内部？查找待匹配的对象和完成匹配应该放在一起吗？如果没有出现多种类型的出行计划，这个问题的答案似乎并不明显，但是随着更多业务场景的出现，我们发现：当前的 matchingExistingTripPlan 方法其实包含了两个变化方向：

- 筛选待匹配的出行计划；
- 使用最优策略匹配。

这是一个隐含的改进机会。在一个方法内部不应该包含两个变化方向。如果把原有的结果处理部分一起考虑进来，设计就可以更为优雅。图 9.6 展示了调整后的结构。

图 9.6 分离出行计划匹配的执行步骤

> 伴随着业务的进展，持续关注设计改善的机会，更好的抽象会自然浮现。

更新后的代码如下：

```
@TransactionalEventListener
public void receivedTripPlanCreatedEvent(TripPlanCreatedEvent event) throws
InconsistentStatusException {
    List<TripPlan> tripPlans = filter(event.getData());
    CoTrip coTrip = match(tripPlans, event.getData());
    execute(coTrip);
}

private List<TripPlan> filter(TripPlanDTO tripPlan){
    return tripPlanRepository.findAllMatchCandidates();
}

private CoTrip match(List<TripPlan> candidates, TripPlanDTO newPlan) {
    List<String> matchedTripPlanIds = /* 通过逻辑匹配到最合适的出行计划*/;
    return CoTripFactory.build(matchedTripPlanIds);
}

private void execute(CoTrip coTrip) {
    if (coTrip ==null) return;
    updateTripPlans(CoTripId.of(coTrip.getId()),coTrip.getTripPlanIdList());
    coTripRepository.save(coTrip);
}
```

重构之后的代码更为清晰，修改点也非常明确。我们需要根据 tripPlan 的类型，实现不同的 filter 策略。设计方案如图 9.7 所示。

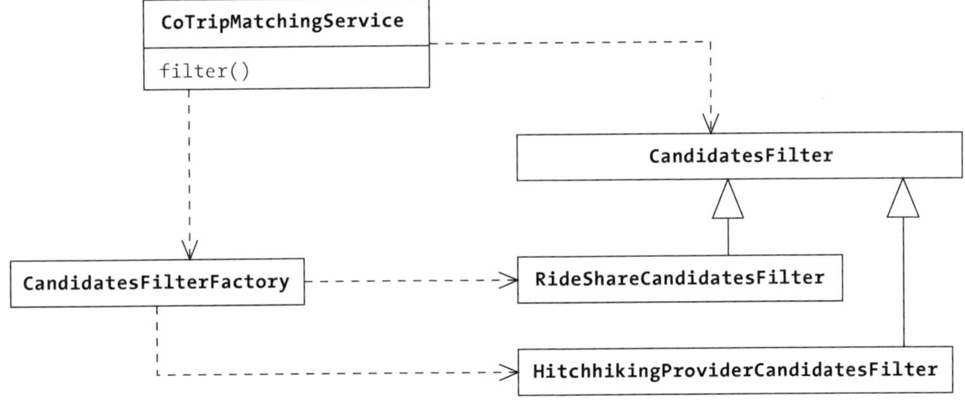

图 9.7　根据 TripPlan 的类型，选择不同的 filter 策略

改良后的设计变得非常灵活。假如以后我们允许用户发布既匹配顺风车，也能匹配无车共乘的出行计划；或者将来在不同的城市运营时，会首先筛选本城市、本区域的出行计划，再进行精确匹配等，都可以顺利演进。

相应地调整代码实现：

```
public class CoTripMatchingService {
    private List<TripPlan> filter(TripPlanDTO tripPlan){
        CandidatesFilter filter = CandidatesFilterFactory.build(tripPlan.getPlanType(),tripPlanRepository);
        return filter.filter(tripPlan);
    }
}

public class HitchhikingProviderCandidatesFilter extends CandidatesFilter {
    public HitchhikingProviderCandidatesFilter(TripPlanRepository tripPlanRepository) {
        super(tripPlanRepository);
    }

    @Override
    public List<TripPlan> filter(TripPlanDTO tripPlan) {
        return tripPlanRepository.findAllMatchCandidates(TripPlanType.HITCHHIKING_CONSUMER);
    }
}

public interface TripPlanRepository extends JpaRepository<TripPlan, String> {
    @Query("select tp from TripPlan tp where tp.status = 'WAITING_MATCH' and tp.planType=:planType")
    List<TripPlan> findAllMatchCandidates(TripPlanType planType);
}
```

首先，filter 方法会基于出行计划的类型来创建一个候选出行计划的过滤器。如果是一个司机单，它就仅从数据库中选择乘客单作为候选匹配对象。至此，我们就完成了待匹配司机单的筛选工作。后续，我们将按类似的策略覆盖不同出行计划。

然后，从顺风车的业务支持案例中我们可以发现，如果既有的设计是比较良好的，支持一种新的业务模式并不需要太大的工作量。在业务演进过程中，我们还会进一步发现更好的业务抽象，从而提升代码结构和未来的演进能力。

最后，给读者留一个演进式设计的练习题，作为本章的结尾。

▶ 小练习：增加对价格策略的支持

顺风车的车主方是收费方，乘客方是付费方，请设计完整的价格策略方案，并把它实现到系统中。

参考文献

[1] Frederick P. Brooks. No Silver Bullet—Essence and Accident in Software Engineering[J]. Proceedings of the IFIP Tenth World Computing Conference:1069–1076. 1986.

[2] 张刚. 软件设计：从专业到卓越[M]. 北京：人民邮电出版社，2022.

[3] 史蒂夫・麦康奈尔. 代码大全[M]. 2 版. 金戈，汤凌，陈硕等，译. 北京：电子出版社，2006.

[4] 埃里克・埃文斯. 领域驱动设计：软件核心复杂性应对之道[M]. 赵俐，盛海艳，刘霞，译. 北京：人民邮电出版社，2010.

[5] 斯蒂芬・沃尔弗拉姆. 这就是 ChatGPT[M]. WOLFRAM 传媒汉化小组，译. 北京：人民邮电出版社，2023.

[6] 奥利维耶・卡埃朗，玛丽-艾丽斯・布莱特. 大模型应用开发极简入门：基于 GPT-4 和 ChatGPT[M]. 何文斯，译. 北京：人民邮电出版社，2024.

[7] 埃里克・莱斯. 精益创业：新创企业的成长思维[M]. 吴彤，译. 北京：中信出版社，2012.

[8] Jacobson I. The use-case construct in object-oriented software engineering[J]. In:Scenario-based design: envisioning work and technology in system development. 1995:309-336.

[9] 科伯恩. 编写有效用例[M]. 王雷，张莉，译. 北京：机械工业出版社，2002.

[10] 贝克. 解析极限编程——拥抱变化[M]. 唐东铭，译. 北京：人民邮电出版社，2002.

[11] 科恩. 用户故事与敏捷方法[M]. 石永超，张博超，译. 北京：清华大学出版社，2010.

[12] Gojko Adzic. 实例化需求：团队如何交付正确的软件[M]. 张昌贵，张博超，石永超，译. 北京：人民邮电出版社，2012.

[13] Feff Patton. 用户故事地图[M]. 李涛，向振东，译. 北京：清华大学出版社，2016.

[14] 詹姆斯 P. 沃麦克，丹尼尔 T. 琼斯. 精益思想[M]. 沈希瑾，张文杰，李京生，译. 北京：机械工业出版社，2008.

[15] Robert C. Martin. 敏捷软件开发：原则、模式与实践[M]. 邓辉，译. 北京：清华大学出版社，2003.

[16] Frederick P. Brooks. 设计原本[M]. InfoQ 中文站，王海鹏，高博，译. 北京：机械工业出版社，2011.

[17] NYGARD M. Documenting Architecture Decisions[EB/OL]. https://cognitect. com/blog/2011/11/15/documenting-architecture-decisions.

后　记

在《软件设计：从专业到卓越》一书出版后，我收到了多位老师和朋友的反馈，希望我能在书中增加更多实践案例或者练习题。其实，我本人也有一个多年来的夙愿：把我和同事若干年前做过的共享出行项目改写成一个软件工程教学案例。因为一个完整的案例要比零散的例子更能反映开发过程中的真实挑战，也更能凸显专业能力的重要性。

不过，这个案例不太容易完成。我希望这个案例能结合最新的技术环境，例如把原生手机应用使用微信小程序重写，融入云原生平台、持续集成，还希望能采用更为安全的认证方案。较高的技术复杂性和较多的工作量让这个工作一拖再拖，迟迟没有进展。

恰在此时，事情有了转机。2023 年 3 月 OpenAI 发布了 GPT-4，GPT-4 在知识广度、泛化能力以及编程能力上都有了很大的突破。在使用 GPT-4 开发了几个小规模应用之后，我意识到：我完全可以借助大模型的能力，完成前述的案例。果然，我仅用了一个多月的时间，就完成了这个案例的大部分工作，这在以前是难以想象的。这次尝试也充分说明，高效运用大模型，已经成为软件开发中一个非常重要的话题。

今天，大模型研究如火如荼地进行着，技术日新月异，这引发了一些讨论，比如，软件工程师要被人工智能替代了。我的看法恰好相反。我和大模型结对编程的体验是：能在多大程度上利用好大模型的能力，取决于工程师对软件工程的理解深度。考虑到软件开发的复杂性，这项工作不太可能完全由大模型自主完成。大模型承担了大量琐碎的编码工作，甚至是一部分分析和设计工作，这对人类工程师来说其实是好事。我们可以腾出更多精力，清晰地定义问题，合理地分解问题，然后充分利用大模型的能力，更快更好地解决问题。聚焦于问题定义和方案设计，而不是技术细节，才是专业的知识工作者真正的价值所在。大模型是人类工程师的助手和伙伴，而不是替代者。

这些看法和我当时撰写《软件设计：从专业到卓越》的目标高度重合：关注真正的软件工程能力。由于大模型的出现，琐碎的编程细节和技术细节的重要性降低，进一步突出了书中介绍的理论和实践的重要性。

这本书其实是一个案例记录。它完整记录了一个工程师如何从业务规划开始，应用现代软件工程方法，高效和大模型协同，通过演进式设计实际完成一个完整业务。希望这个案例和这本书，能够帮助大模型时代的你，增强对现代软件工程的理解，成为更高效、更卓越的软件工程师。

张刚

2024.1.25